国家林业和草原局普通高等教育“十三五”规划教材

室内绿化应用设计

（第2版）

周吉林　申亚梅　**主编**

向其柏　**主审**

中国林业出版社

内容简介

本书主要包括室内绿化的定义、室内绿化与室内空间环境的关系、室内绿化装饰类型（室内观赏植物、室内山石景、室内水景、盆景、插花、干花）、室内绿化的栽培容器与基质、室内绿化植物的配置形式和原则、室内绿化与室内空间设计、室内绿化植物的繁殖栽培与养护、常见室内绿化植物介绍（室内观叶植物、室内观花植物、室内观果植物）等内容。

本书图文并茂、内容新颖，重点介绍当今室内绿化设计的最新概念、理念及方式方法等。本书可作为高等院校室内设计、园林设计、环境艺术等本、专科专业及高等职业教育相关专业的教材，同时也可作为室内设计、园林设计、环境艺术设计人员参考用书。

图书在版编目（CIP）数据

室内绿化应用设计/周吉林，申亚梅主编．—2 版．—北京：中国林业出版社，2018.8（2024.8 重印）
国家林业和草原局普通高等教育“十三五”规划教材
ISBN 978-7-5038-9235-6

Ⅰ.①室… Ⅱ.①周… ②申… Ⅲ.①室内装饰设计-绿化-高等学校-教材 Ⅳ.①TU238.2

中国版本图书馆 CIP 数据核字（2018）第 001697 号

中国林业出版社·教育分社

策划编辑：杜 娟　　**责任编辑**：杜 娟 赵旖旎
电　话：83143553　　**传　真**：83143516

出版 中国林业出版社（100009 北京西城区刘海胡同 7 号）
E-mail:jiaocaipublic@163.com 电话：(010)83143500
发行 新华书店北京发行所
印刷 北京中科印刷有限公司
版次 2005 年 3 月第 1 版
2018 年 8 月第 2 版
印次 2024 年 8 月第 3 次印刷
开本 889mm×1194mm 1/16
印张 10
字数 227 千字
定价 39.00 元

第2版前言

本教材经过十多年的教学实践，受到了各高校教师和学生的好评。教材充分体现了编者们的主导思想，内容少而精，图文表达效果深入浅出。

在教材使用过程中，编者们根据自身教学总结，并征求其他教师和学生的意见，对教材正文的文字和图片进行校正和调整，重点修改了第1章、第3章、第5～8章，在第1版基础上进行了补充和完善。

本次修订由南京林业大学周吉林与浙江农林大学申亚梅负责。在修订过程中，浙江农林大学顾翠花教授、刘志高副教授、张超副教授、付建新博士、董海燕博士、邵伟丽老师对本书内容提出很多宝贵意见，浙江农林大学园林学院余翠棋、蔡杭荣、钱嘉蕾、王志真、严浩君、陈金晨、叶丹、何九男、李玲蔺、刘珺同学参与了本书插图的绘制，82岁高龄的向其柏教授也应邀进行了审稿，在此再次表示衷心感谢！

我校“室内植物应用”课程得到了浙江省科协青年科技人才培育工程项目、浙江农林大学“室内植物应用”网络课堂建设项目（KC17063）、浙江农林大学“室内植物应用”标准化课程建设项目的支持。本书可以结合我校“室内植物应用”网络课堂一起学习，欢迎大家扫描下方二维码登录网站（2018年11月起正式上线）。本书及网站并不成熟，不足之处恳请广大读者给予指正。

申亚梅

2018年5月

第1版前言

在新的世纪里，城市、建筑空间与自然环境协调发展已成为人们的共识。在快节奏的现代都市生活中，室内植物不仅在居室，而且已广布于现代人的办公空间、宾馆、酒楼、商场、交通场所等几乎所有的室内空间。人们期待着室内活动空间中绿色装点的佳作，因此，室内绿化发展为一门新兴的学科。

室内绿化包括单株植物的盆栽布置和建造室内植物、水景和山石景两个层面。第一个层面主要是指在室内家具间的点缀；而第二个层面是作为室内环境整体设计的一个部分而同步考虑，它是要求通过园林的手段，将以植物为主体，水、石等自然因素引入室内，创造出集生态、观赏、游憩功能为一体的室内景观。这些都需要广大室内设计者对室内绿化中的各种园林要素都比较熟悉，力求达到室内绿化设计中的科学性和艺术性的统一。

本书主要包括室内绿化的定义和作用、室内绿化与室内空间环境、室内绿化装饰类型（室内观赏植物、室内山石景、室内水景、盆景、插花）、室内绿化的栽培容器和基质、室内绿化植物的配置形式和原则、室内绿化与室内空间设计、室内绿化植物的繁殖栽培与养护、常见室内绿化植物介绍（室内观叶植物、室内观花植物、室内观果植物）等内容。

本书图文并茂、内容新颖，重点介绍当今室内绿化设计的最新概念、理念及方式方法等。本书可作为高等院校室内设计、园林设计、环境艺术设计等专业的本、专科及高等职业教育相关专业的教材，同时也可作为相关行业人员参考用书。

本书的编写和出版得到了许多专家和学者的大力支持。浙江林学院申亚梅老师编写第2章，扬州大学王小春老师编写第1章第4节“室内绿化与园林”和第7章，其他章节由南京林业大学周吉林老师编写。南京林业大学风景园林学院刘玉莲教授、芦建国副教授、赵兵老师，南京林业大学竹类研究所丁雨龙教授，南京林业大学森林资源与环境学院朱克恭教授、陈颖老师，南京林业大学室内与家具设计系徐雷副教授，扬州大学王小春老师对本书各相关章节进行了初审，南京林业大学人文社会科学院卢振副教授对本书的中文文字进行了审阅，南京林业大学植物学科向其柏教授担任主审。

本书编写过程中，参考了大量的国内外公开出版的资料，徐雷副教授提供了部分立面图、平面图，赵婧同学和邬嘉颖同学负责本书插图的绘制，在此也一并表示衷心的感谢。

由于作者水平有限，编写时间紧张，不足之处，恳请广大读者给予批评、指正。

周吉林

2004 年 10 月

目　　录

1 概　述

【本章重点】 室内绿化的定义；室内空间环境的概念；室内绿化的形式；室内绿化构景风格。

1.1 室内绿化的定义

随着社会的进步，城市化建设的飞速发展，人们工作生活的节奏越来越快，人们在室内的时间也越来越长。因此，如何建造良好的室内空间环境对人们越来越重要。室内绿化是一门重要学科，它是力图在建筑空间中回归自然而进行的一项活动，其目的是要创造一个使建筑、人与自然融为一体、协调发展的生存空间。

室内绿化并非简单地放置一盆植物于室内，它应该定义为：在人为控制的室内空间环境中，科学地、艺术地将观赏植物与其他园林要素引入室内，创造出具有美感、舒适感，同时具有改善室内生态环境功能，以满足人类活动功能为前提的绿化空间环境的行为。

室内空间环境是指用现代化的采光、供暖、通风、空调等人工设备来改善居住条件而创造的环境，是一个既利于植物生长，也有益于人们生活和工作的环境。室内空间环境包括自用空间环境和共享空间环境两部分。自用空间环境一般具有一定的私密性，面积较小，以休息、学习、交谈为主，植物景观宜素雅、宁静（如卧室、书房、卫生间等）。共享空间环境以开放、流动、观赏为主，空间较大，植物景观宜活泼、丰富多彩。

室内绿化在形式上大体可分为两种：

第一种是单株植物盆栽布置。这是一种以桌、几、架等家具为依托的绿化，一般尺度较小，作为室内的陈设艺术。

第二种是综合运用各种园林基本素材的布置。如用自然山水、树木花草、假山叠石乃至建筑小品（亭台楼阁）等构成的可观可游的多功能室内庭园。这一形式的绿化，就其设计而言，它基本上不是室内工程完成后添加进去的装饰物，而是作为室内设计的一部分予以同步考虑。就技术上讲，必须同步考虑维护室内植物、水、石等景观的相关设施。

1.2 室内绿化的作用

绿色装饰已经成为室内软装潢的重要组成部分，它不仅可以柔化建筑的硬线条与空间死角，使人们得到心理上的调节、精神上的放松，还能改善室内空气质量。总结起来，室内绿化的意义和功能可以陈述如下：

1.2.1 生态功能

室内绿化通过景观体现、活体植物的生态功能改善着人们生活和活动的空间，对人类缓解生理疲劳、调节心理健康以及疾病治疗等具有重要的作用。同时，通过绿化载体，拉近了人们与自然的距离，将人们回归自然。

研究显示，在室内微环境中，绿化能有效降低室内 CO_2浓度，同时绿化量越大，降尘效果也越明显，除菌效果也明显。另外，室内绿化可提高室内人员的警觉性和注意力，进而提高人的反应力，并可显著提高其明视持久度。有测试表明绿化后室内工作人员明视持久度平均可提高 11. 75%，最高可达 24. 17%。

所以，我们在室内的窗口、案头、阳台、屋角，点缀上一盆盆绿色植物或者将奇花、异草、奇山、怪石、喷泉和潺潺的流水等原本置身于室外大自然的景观元素引入室内，创造出室内园林景观，目的是使人们仿佛时刻置身于大自然中，最大限度地欣赏、感受与它们的交融和和谐。

临床心理学、环境心理学、社会学、行为学等学科的研究表明人与植物接触具有许多好处。

1.2.1.1 植物对室内空气的净化作用

人们要求健康安全的环境，建筑物内的空气质量也已成为人们关心环境的一个重要话题。植物可减少空气污染，它们是许多微量污染物的代谢渠道。花草能够有效净化室内空气，保持空气清新自然。大多数花卉白天进行光合作用，吸收二氧化碳，释放氧气，夜间进行呼吸作用，吸收氧气，释放二氧化碳。而仙人掌类多浆植物则恰恰相反，白天为避免水分丧失，关闭气孔，光合作用产生的氧气在夜间气孔打开后才放出。将互补功能的花卉同养一室，既可使二者互惠互利，又可平衡室内氧气和二氧化碳的含量，保持室内空气清新。柠檬、茉莉等植物散发出来的香味能改变人们因单调乏味的工作而导致的无精打采的状态；茉莉、丁香、金银花、牵牛花等花卉分泌出来的杀菌素能够杀死空气中的某些细菌，抑制结核、痢疾病原体和伤寒病菌的生长，使室内空气清洁卫生。有些花卉抗毒能力强，能吸收空气中一定浓度有毒气体，如二氧化硫、氮氧化物、甲醛、氯化氢等。茶花、仙客来、鸢尾、紫罗兰、晚香玉、凤仙花、牵牛、石竹、唐菖蒲等通过叶片吸收毒性很强的二氧化硫，经过氧化作用将其转化为无毒或低毒性的硫酸盐等物质；水仙、紫茉莉、菊花、鸡冠花、一串红、虎耳草等能将氮氧化物转化为植物细胞的蛋白质等；万寿菊、矮牵牛能吸收大气中的氟化物；紫茉莉、金鱼草、半支莲对氟化氢有抗性；吊兰、芦荟、虎尾兰能大量吸收室内甲醛等污染物质，消除并防止室内空气污染。

新居内空气中的某些化学物质过浓会造成居住者头痛、头晕、流鼻涕、失眠、乏力、关节疼痛以及食欲减退等症状，医学上称之为“新居综合征”。要消除“新居综合征”，除保持居室清洁卫生通风外，另一种有效的办法就是在室内摆放些如万年青、吊兰、百合、棕榈、天竺葵等绿色植物。这些植物中含有挥发性油类，均具有显著的杀菌功能，特别是观叶植物如吊兰等和杜鹃花科的花木，更具有吸附放射性物质的功效。

1.2.1.2 植物是室内空气的增湿器

湿度的大小会直接影响到温度。相对湿度控制不好，就会给温度的保持带来困难。这在冬天尤为明显。植物通过呼吸作用，向空气释放出水气，从而加大了室内的湿度。室内植物吸收水分后，经过叶片的蒸腾作用向空气中散失，可以起到湿润空气的作用。而植物所释放的水气的多少受到多种因素的制约，如植物的种类、室内的温度、亮度及培养基的湿润程度。这些因素相互作用，从而保证了室内湿度的平衡。

1.2.1.3 观赏植物有益于人们的心理、生理健康

据研究，对久坐办公桌前、面对显示器或制图板的人们来说，绿色在他们的视野中只要占有25%，就能消除眼睛的生理疲劳，提神醒脑。植物的自然环境可以帮助人们缓解压力，更好地完成工作任务，进而舒缓社会竞争带来的身心压抑感。视线监测设备可以测量出人们投在植物身上的注意力，表明较好的自然环境可以引起积极健康的情绪，还会大大提高人们的创造力和超常发挥的水平。悉尼大学的一项重要研究表明，在室内观赏植物面前，脑电波的活动明显增强，表明观赏植物更有利于提神醒脑。一些植物能分泌气态芳香萜烯类物质，有助于调节神经中枢，杀灭细菌，辅助治病，起到利尿、消炎和加强呼吸的作用。如茉莉花的香味，有助于治疗头痛感冒；玫瑰花香，有助于治疗咽喉痛和扁桃体炎；丁香花有镇痛的疗效等。据相关生理测验结果可知，人们在植物园时，会出现血压降低的现象；置身于芬芳、宁静、有花香的环境中，人的脉跳动次数平均每分钟减少4~8次，呼吸均匀，心脏负担减轻，嗅觉、听觉及思想活动增强。在日本，人们专门用花香给病人治病，称为“芳香疗法”。

但有一点值得注意的是，一些室内观赏植物具有一定的毒素，如花叶万年青，叶中含有草酸和天门冬素，误食后会引起口腔、咽喉、食道、胃肠黏膜等灼伤，甚至伤害声带，使人变哑。又如一品红全株有毒，白色乳汁可刺激皮肤红肿，会引起过敏性反应，误食茎、叶有中毒死亡的危险。还有我们常用于室内观赏的铁海棠（虎刺梅）、变叶木、红背桂等观赏植物含有某种生物碱，对人体有害。

1.2.2 观赏功能

具有生命力的室内观赏植物，其呼吸、生长、成熟和衰老等，与大自然的万物运行息息相关，使人们感到大自然的气息、生命的韵律。有生命活动的植物的观赏功能，

是其他装饰物无法替代的。观叶植物，碧绿青翠，使人感到宁静、娴雅和清爽；赏花植物，绚丽芳香，使人感觉温暖、热烈，沁人肺腑；观果植物，逗人快乐，使人联想到自然的野趣；艺术盆景，使人们如入幽林深谷，如临清潭碧水，其诗情画意令人浮想联翩；插花艺术作品，既可作庄严肃穆之装点，又可作清新淡雅之陈设。

1.2.3 文化蕴涵

室内观赏植物具有文化的蕴涵，寄托着人们的情感和意志。中国历史悠久，文化灿烂，很多古代诗词及民俗中都留下了赋予植物人格化的光辉篇章，从欣赏景观形态美到意境美是欣赏水平的升华，不但涵意深邃，而且达到了天人合一的境界。

古今中外的名人雅士通过花草树木的形象来寄托自己感情和意志的作品不胜枚举。人们把松柏比作刚毅、毅力的象征，荷花令人想到高洁、无瑕，人们对梅、兰、竹、菊的颂咏，并称之为“四君子”。传统的松竹梅具有共同的品格，谓之“岁寒三友”。兰花，被人们称之为“花中君子”“天下第一香”。

在我国民间赏花意识中，吉祥语也是习见应用的。像吉祥草，除叶片清雅可供观赏外，主要取其吉利。比如，“富贵竹”“发财树”也是当今流行的观赏植物。

21 世纪是环保的世纪，营造室内外绿色环境，是新世纪的时尚。在新的世纪里，“以人为本，回归自然”的创意蔚然成风，从而在居室环境中强调返璞归真、仿造自然、净化环境的生态化要求将越来越强烈。在新的世纪里，将绿色植物引进室内，已不是单纯的“装饰”，而是为了在室内创造一个具有人与自然协调，幽静舒适的绿色氛围，提高环境质量，满足人们心理需求。由于现代科学的发展和运用，现代建筑室内大多有宽敞的空间、流动的空气、明亮的光环境以及稳定的气温和湿度，这些条件给引种到室内的植物提供了良好的生长条件。室内景观可以运用室外造园手法，从室外借来湖光山色，移栽花草树木，布置奇石景点，引进喷泉流水，追求风土野趣，结合园林常见的手段和方法，组织、完善、美化室内空间，使人、建筑、环境三者得到尽可能的协调。

1.3 室内绿化的发展过程及现状

1.3.1 我国室内绿化的发展过程及现状

我国古代园林设计与园林艺术具有高度的成就，以崇尚自然为主要形式的自然式风景园林、山水园林在世界园林中，自成体系，独具风格。而我国室内绿化设计，同西方大多数国家一样，受建筑室内条件的限制，是比较落后的。古代及近代主要以在室内厅堂摆放应时盆栽花木、盆景及插花等为基本形式。

早在 7 000 年前的新石器时期，我国开始用盆栽花木来装饰华丽的宫殿。1977 年我国浙江余姚河姆渡新石器时期遗址的发掘中，发现了一陶片，上面刻有盆栽万年青的图案。这可以说是我国发现最早的盆栽或盆景的雏形（图 1-1）。史料记载，最早的室内植物栽培起源于秦代，秦始皇令人在骊山脚下温泉边种植瓜果。在秦时的上林苑中具有专门种植南方水果植物的宫殿，供帝王欣赏，如扶荔宫等。这也是我国室内绿化的开始。

图 1-1 浙江余姚河姆渡新石器时期遗址出土陶片

图 1-2 东汉墓道壁画

东汉宫苑中及王公贵族的府邸中已经有盆栽植物摆设。河北省望都发掘的东汉墓道壁画中绘有一陶质卷沿圆盆，盆内栽有六枝红花，盆下还有方形几架。植物、盆钵、几架形成一体，有人说这是我国最早的瓶插，又有人说这是我国盆景的雏形（图 1-2）。

唐代室内用植物装饰已相当普及。除在宗教仪式中普遍采用外，在宫廷中的植物装饰已十分讲究，注重排场和艳丽色彩，对花卉种类和容器的选择都已很讲究。1972 年在陕西乾陵出土的唐章怀太子李贤墓中的墓道壁画上，发现有侍女、侍男手捧盆栽花卉的画面，可知盆栽和盆景在唐朝的地位。西安中堡村盛唐墓出土的唐三彩砚，砚池底部为平坦的浅盆，前半留作水池，后半为群峰环立，树木繁茂，尚有小鸟站立，所反映的正是艺术盆景的形象。唐代诗歌中有关于盆池、假山和小滩、小潭等盆景诗。唐代中叶以后，盆栽逐渐形成桩景、山石盆景两个方向。唐代盆栽开始随着佛教和其他文化传入日本。由此，日本将“盆栽”一词沿用至今。

宋代的室内盆栽已逐渐向民间普及。宋代的《十八学士图》四轴中，有两轴绘有苍劲古松，盖偃枝盘，针如屈铁，悬根出土的盆桩，已俨然数百年之物。北宋末年杜绾的《云林石谱》，详载了各地的石产特质、挖掘法以及盆栽配置植物的方法，是早期有关盆栽艺术的著作。

元朝的文化处于低落时期，但在盆景制作方面出现了微型盆景的形式。

明清两代是我国盆栽发展的鼎盛时期，出现了许多造诣颇深的人物，并形成了比较完整的理论。如扬州八怪之一郑板桥的题画《盆梅》，就形象地展示了当时的梅花盆景艺术。而有关盆栽的著作，则陈淏子执笔的《秘传花镜》最为精彩。该文稿内容论及素材选择、矫正树姿以及青苔的快速培植办法，并且针对盆钵提出其独特见解，推荐成品栽种以宜兴紫泥盆钵最适合。该著作后来流传至日本，对日本的盆栽艺术，有着极大的影响。

在室内盆栽发展的同时，六朝时代出现了室内瓶插。至唐代，瓶插盛行于宫廷和民间，成为室内极受欢迎的重要陈设和绿化。因瓶插比盆栽具有更多的人为因素，将其拟人化的倾向更为突出，如以瓶插作为显示富贵、吉祥和权势的象征并成为文人附庸风雅、借物寄情的玩物。唐代以后，瓶插逐渐发展成为艺术品。我国最早的有关瓶插的著作是唐末罗虬的《花九锡》。

到了南唐李煜时期，插花大量使用，于春夏之季，花卉不仅插在瓶里，而且将各种杂花插满宫廷内外，并称之为“锦天洞”。可见远在1000年前的我国唐代已出现了绿化与建筑有机结合的萌芽。

宋代以后，瓶插艺术进入盛期，到了明代是其顶峰时期，瓶插的技艺和瓶插的文化得到了极大发展。有关的专著如袁宏道的《瓶史》、张谦德的《瓶花谱》等，对瓶插的构思、造型要求、配制手法、选材以及滋养等各方面都有很多精辟、深奥的论述。清代时又在瓶插的原有技艺上进一步发明了类似插座、定枝器的装置。在剪枝、保鲜、瓶插的应用等方面，《秘传花镜》一书有所论述。

我国传统室内空间中的盆栽及瓶插最突出的传统特色是拟人化、以物喻人。首先表现在给常用花卉根据其姿色定出不同的高低九个品位并赋予其不同的品格。牡丹、梅、菊为一品；西府海棠为二品；芍药等为三品；秋海棠等为四品；玫瑰等为五品；玉兰等为六品；杜鹃等为七品；鸡冠花等为八品；牵牛花等为九品。讲品格，比如以菊喻隐逸，以牡丹喻富贵，以竹喻高洁，以莲出污泥而不染喻高尚情操，以松柏喻高风亮节。

再就是通过选用应时的花卉盆栽与瓶插，形成室内的时空结合，并通过室内光影的变化及借景的手法反映出冬去春来的变化效果。比如：苏州拙政园鸳鸯厅的室内环境，借北窗可见水泊荷香的夏景，借南窗可见雪色石眠的冬态。通过借景，利用四季景观的变化来带动室内空间的变化。而利用盆栽与瓶插将四时花卉应时引入室内，让植物更加敏感地反映了时令的变化。正如宋朝诗人陆游所云：“花气袭人知骤暖”。一般入春时节讲究用梅、海棠，夏时用百合、荷花、石榴，秋时用桂花、菊，冬时用蜡梅等。

在营造室内景观方面，我国北京北海公园琼华岛西侧现存的“一房山”开辟了一个“先例”，这一既有观赏性又有实用性的室内叠石，营造于清代初期，而且完好地保留至今。距今已有300年左右的历史，它利用太湖石自“一房山”底层室内开始叠造，并叠出石阶山道，将山石叠引到二层上去。石山有凸有凹，有翘有悬，有洞有眼，人们自底层踏石阶可以登到二层楼上。这在世界上可能也是仅有的。它告诉人们：园林设计的一切手法都可以在室内设计中进行尝试。

随着人类文明历史长河流淌，城市日趋繁荣，人们不断酝酿着回归田园，将自然引入室内。但是几千年来，人们对室内绿化的认识还只是停留在观赏和简单装饰阶段。

20世纪70年代以来，我国在探索城市、建筑空间与自然的关系方面进入了一个新的阶段，提倡人工环境与自然环境协调发展已成为共识。室内空间的绿色设计，对于建立一个人工环境与自然环境相融合的人类聚居环境方面，具有重要的意义。

同时，随着科技水平的不断提高，使植物在室内生长已经成为可能。并且随着人们生活水平的提高，人们对室内植物需求量也越来越大。由传统的观花已逐步发展到观叶、观茎、观根等多样化类型，并且已经融进了家庭装修、家庭用具，如结合绿化的台灯、温度计等（图1-3）。从幼儿园空间到商业空间、医院等空间，室内绿化已经成为

图1-3 具有绿化种植的台灯

人们生活不可缺少的一部分。著名建筑师贝聿铭的神来之笔——北京香山饭店的四季厅就是我国现代室内绿化设计的杰作。阳光透过玻璃屋顶泻洒在绿树茵茵的大厅内，明媚而舒适。门口影壁背后，一潭清澈见底的碧水，潭底铺着鹅卵石，两块太湖石屹立其中。大厅两旁各植有几株棕榈和芭蕉等热带植物，大厅正中是会客区，几张方桌，几排浅灰躺椅，让人备感清静舒适。它也是中国现代建筑与中国传统园林相结合的典范。

1.3.2 外国室内绿化发展过程及现状

西方大多数国家的古代和近代同样因受建筑室内条件的限制，也仅仅是以摆放盆花及插花为主。自20世纪60年代以后，随着高科技的不断发展，仿造自然的手法才大量在室内引用。

2000年以前的欧洲大陆，植物最初作为食用、药用种植于室外，后来才作为观赏品和纪念品布置在室外的庭院、平台、屋顶以及墓地各处，并且逐渐从室外引入宅内。

在公元1世纪的罗马时代，出现了用云母做的植物暖房，公元290年，玻璃暖房出现。

在中世纪时代，由于长期的战乱，花木的培植在城堡中由教徒的保护得到一些发展。

文艺复兴以后，室内绿化事业也得到了复兴。在法国凡尔赛宫出现了种植1 200株柑橘的大暖房。

16世纪法国的一些家庭开始有了养花的习俗，在英国的一些贵族和知识分子家庭，把养花作为一种文雅的标志，在室内利用窗台做成小花园，于家具、铁质的花架上布置了各种盆栽，甚至在居室的一旁接建着家庭暖房。

工业革命后，由于家庭用油照明、煤炭供暖，室内出现烟尘，使一般花卉的生长受到损害。但此时亚热带、热带花木，特别是喜阴的观叶植物，如龙血树、棕榈、橡皮树以及蕨类植物等传入欧、美各国。这些植物在室内有着较强的适应性，得到了普遍采用。

到了19世纪，绿化逐渐在一般家庭中发展起来，植物选择上大量采用了观叶种类，绿化的方式也更加丰富多彩。绿化与建筑物有机地结合起来，比如与天棚结合布置悬吊式；与壁炉架、多层隔架、地板、花木架结合布置各种盆栽；与窗棂结合搭上棚架布置攀缘植物等。在种植技术方面也积累了丰富的经验。1831年N. B. Ward发明了华德箱，用以培植蕨类植物和花卉。其原理是在一个封闭的玻璃培植箱中，利用植物本身的呼吸创造生物气体循环的小环境，使植物继续生长。这一原理给后世以启示——在封闭的空间中利用植物来改善室内的生态环境。在巴黎出现了世界第一座用钢铁和玻璃构成的巨大建筑物——巴黎植物园，这对于以后新型建筑结构的发展和现代室内庭园的创建都有一定的启迪作用。

20世纪初，建筑中使用暖气供暖，室内温度高、湿度低，除少数花木如棕榈以外，其他花木的保养又遇到了新的问题。人们对于绿化的兴趣转向了发展室内插花与瓶花。30年代末盆景艺术由东方传入了西方各国。

20世纪60年代以后，随着现代工业和现代城市的高度发展，人们生活的环境在改变。日趋丰富和复杂的现代化生活，促使人们生活节奏加快，生活的环境又常与大自然相隔绝。各发达国家相继出现了回归自然、回归大地、回归感官的思潮，70 年代的美国又掀起了绿色革命，在室内环境中强调返璞归真、仿造自然、净化环境的生态化要求。人们要求具有开放感、富于人情味、能够高效率地进行各种活动以及体现生态化等要求的室内空间。在发达国家，出现了室内设计的行业和队伍，运用室内装修、照明、绘画、雕刻、家具、陈设以及室内绿化等综合的艺术手段来创造丰富多彩、具有现代化特征的室内空间环境。而绿化在其中扮演着十分重要的独特的角色。

科学技术的高度发展给室内绿化的发展提供了有利条件，如空调、加湿器的发明及电力事业的开发和电脑的应用给植物在室内生长提供了良好的温、湿度及人工光照的条件，使室内环境具有与自然环境相沟通的可能性。大量的绿化，尤其是绿色观叶植物以惊人的速度在公共建筑和居住建筑中发展起来，创造出四季如春的室内环境。甚至在封闭空间中，如美国研究员在宇宙飞船上生产太空植物。无土栽培技术的出现，以水和营养液取代了泥土，减少了对环境的污染，改进了花木的色泽、产量，使植物更便于与建筑及家具等结合，也促进了垂直绿化的发展，形成了多种的绿化布置方式。

为了仿造自然，人们在室内不仅可以摆放陈设各种盆栽，而且可以在室内种植植物，甚至是高大的植物。室内绿化在内容上也在逐渐扩大，不仅有树木花草，还包括了山石、水体和庭园小品。水，它有多种的视觉美感，能从动态与静态、形态与色彩、倒影与反射等多方面去塑造自然景观。在现代的西方室内庭园中也有将山石引来组景的，为了减轻石头的重量，在一些室内共享大厅中还用塑料来仿制山石。日本在室内庭园中常常点缀些传统的庭园小品，则更加增添了室内的庭园气氛。

室内绿化，创造生态化的室内空间和进行空间的分隔、限定、标志、引导和调节等的功能，越来越为人们广泛应用。

目前，室内绿化除了种植技术与绿化技术逐渐成熟之外，人们逐渐关注自己参与生活。传统意义上的室内绿化方式已逐渐改变，绿化形式也逐渐多样化。大型空间的室内绿化更注重功能，家庭绿化更注重自己的兴趣爱好。因此，人们对室内植物的追求也在发生着改变。2013 年起，人们就非常关注多肉植物的绿化装饰，如今空气凤梨也成了新宠，装点于不同的空间。于此同时，传统的种植容器也在改变，家用小电器与种植容器的结合等，形成了当今比较多元化的状态。

1.4 室内绿化与园林

在《中国大百科全书建筑园林城市规划》（1988 年中国大百科全书出版社出版）中园林的定义为：在一定的地域运用工程技术和艺术手段，通过改造地形（或进一步筑山、叠石、理水）、种植树木花草、营造建筑和布置园路等途径创作而成的美的自然环境和游憩境域，就称为园林。园林包括庭园、宅园、小游园、花园、公园、植物园、动物园等，随着园林学科的发展，还包括森林公园、广场、街道、风景名胜区、自然保护区或国家公园的游览区以及休养胜地。

从这个定义中我们可以看出室内绿化与园林有着千丝万缕的联系，这是因为室内绿化最基本、最实质的内容没有离开园林的核心，所以室内绿化从某种程度上说应属于园林的范畴，两者之间并没有严格的界限。

如广州白天鹅宾馆的中庭景园，是一幅以眷恋故乡为主题的中国传统山水意境的园林画卷。四周为敞廊，绕廊遍植垂萝，庭内壁山瀑布，气势磅礴。亭榭桥台，梯阶磴道，整体布局高低错落，富有岭南庭园风格。其大型室内植物景观从下方延伸到二、三层各餐厅和顶层总统套间；南侧透过大型玻璃帷幕，将珠江景色引入园中（图1-4）。

图1-4　广州白天鹅宾馆内庭“故乡水”景观

这样的室内景园，就是运用了园林的手段在有限的室内空间进行了美丽的设计。在人造景观中，具备了花木、山、水、园林建筑（缩微）等园林要素，在局部有一定条件限制的室内空间，运用了我国传统园林的手法，体现了一定的意境，理应属于园林范畴，或归纳到“室内园林”的概念。

从上面的例子还可以看出一点，就是室内绿化的构景手法也是直接从园林艺术汲取养分，采取“拿来主义”。

古今中外的园林，尽管内容丰富、风格多样，但从规划形式来说无非有规则与不规则两种形式。作为规则式园林的代表是法国古典主义造园艺术。其特点是用抽象的几何化形式来表达自然，最早起源于埃及。当时由于尼罗河泛滥而引发几何学、测量学的兴起，加上浓厚的宗教影响及气候背景，产生所谓几何式庭园，呈规则、对称的格局。这种造园风格要求形式上整齐一律，均衡对称。一切园林题材的配合讲求几何图案的组织，甚至花草树木都要求修剪成各种规整的几何形状。这种类型一直主导着西方的造园，直至18世纪初英国风景式造园诞生，庭园开始有规则式与不规则式的区分。而以中国古典园林艺术为代表的自然式园林与西方传统的规则的几何形园林迥然不同，是以自由、变化、曲折为特点，源于自然，高于自然，形成了自然山水园的独特风格。室内绿化构景也因此有两种基本形式：规则式（几何式）与自然式。

几何化造园的理念影响室内构景方面，表现或是对称的格局，或是几何图案式构图，或是仅强调自然景物人工化特点，淡化景物的自然特征。其中对称格局的构景是一种最规则、最平衡的组织状态。如美国纽约巴特利花园城是庞大的世界金融中心之一，该建筑的重要组成部分自然景观是呈阵列式布置的16棵高大的棕榈树（图1-5），树下布置着花坛和供人们坐歇的坐椅，蔚为壮观。

中国园林对室内景园的影响也非常深远。由于室内空间相对较小，为了在有限的空间创造富于林壑气象的山体以及表现出自然水体的丰富景观效果，中国园林中常用的“写意”手法就成了室内景园的普遍做法。把园林的艺术方法和艺术宗旨分为“写实”和“写意”，是今人从古代绘画理论中借用的说法。在此，“写意”一词包含两个

图 1-5　美国纽约巴特利花园城

基本内容：不拘泥于形似和追求对士大夫心怀的充分表现。因而中国古典园林常被人们称为“写意园林”，这种方法在园林创作中的运用十分普遍和丰富，甚至完全渗透到理水、叠山、建筑、花木、题额乃至园林的整体结构之中。此时，对于山、水、花木，它们的象征意义已重于其形式的美。广州白天鹅宾馆内庭就是写意的佳例。

写意也是日本园林艺术的最大特色。由于受禅宗的深刻影响，写意园林在日本形成了其最纯净的形态——枯山水（书院造庭园）与茶庭。枯山水是以石块象征山峦，用白沙象征湖海。园内只点缀少量的灌木或者苔藓、微蕨。沙面常耙成平行的曲线，犹如波浪万重。沿石根把沙面耙成环形，则是拍岸的惊涛。茶庭是茶室的附属庭园，茶室则是举行“茶道”的专用建筑物。茶道崇尚和、静、清、寂，要求环境宜于静思，因而茶庭亦倾向于写意。但因为有人活动，所以用草地代替白沙。草地上零星点几块石头之外，还有石灯、蹲踞。这些小品后来都成了日本园林的象征。

图 1-6　日式小庭园

日本园林这种洗练简约的风格对西方现代园林影响很大，在室内绿化中日本庭园也往往成为构景的依据（图 1-6）。

另外，在室内景园设计过程中，亦可运用中国古典园林中的对景、框景等手法，将周围环境的美景，借景入内，或是采取庭内景观之间互借的手段。如北京香山饭店就是凭借山势而建成，高低错落，蜿蜒曲折，院落相间，内有十八景观，山石、湖水、花草、树木与白墙灰瓦式的主体建筑相映成趣。客房的窗景是一窗一景，窗窗不同，移步换景。在大厅的假山石小品，高耸的棕榈和香蕉树，尽现南国风光，内外景交相辉映。

复习思考题

1. 室内绿化的定义是什么？如何理解？
2. 室内绿化的意义和功能是什么？
3. 室内绿化构景风格大致可以分为几类？

2 室内绿化与室内空间环境

【**本章重点**】 高温型、低温型、中温型室内观赏植物对室内空间温度的要求；喜光植物、中性植物和耐阴室内观赏植物对室内空间光照的要求；水生植物、湿生植物、旱生植物、中生室内观赏植物对室内空间湿度的要求。

2.1 室内观赏植物的来源

室内观赏植物来源于野外环境，与人类喜欢的室内环境差异很大。如果竭力营造植物生长所需的环境，对人类来讲，却难以适应。所以我们只能通过了解植物的生态习性，在保证人的舒适度的前提下，尽量满足植物的需要，为其茂盛生长提供最有利的条件。

绝大多数能在室内生长的植物主要来自3种不同气候类型的地区：热带雨林地区、干旱或半沙漠地区以及地中海式气候地区。

2.1.1 热带雨林地区植物

热带雨林地区主要分布在东南亚、澳大利亚东北部、非洲赤道地区以及中美洲地区与南美洲。此类型气候周年高温，温差小，无四季之分，只分为雨季和旱季，雨季降水量大。那里的持续高温、高湿以及充沛的降雨促使植物茂盛、持续而多样化地生长。藤本植物，如绿萝、麒麟叶、龟背竹、蔓绿绒等，在野生的条件下都可以爬上大树的顶部，据此生态习性，在现代室内栽培中，人们用湿润的苔藓柱或架面来辅助造型。覆盖着苔藓的大树枝上生活着许多附生植物如蕨类、兰花以及绝大多数观赏凤梨

（如光萼荷、水塔花、铁兰、丽穗凤梨等），这些植物喜欢居于森林基层的生物竞争之上。根据这一生态习性，可以在树皮上栽培这些植物或悬吊在篮子中做室内装饰，以模仿热带森林的氛围。由于树冠的遮挡作用，热带雨林阴暗潮湿的地面不会受到太阳的直射，这样的环境正是一些主要观叶植物，如广东万年青、红鹤芋、竹芋类、花叶万年青和合果芋等的天然居所。可见在室内环境中，这些植物需要温暖、潮湿的空气条件，并避免阳光的直射。

2.1.2 干旱或半沙漠地区植物

主要指原产地在热带、亚热带干旱地区的室内观赏植物。这些地区周年雨水很少，气候干燥、阳光充足，白天可以热得灼人，夜晚温度则会降到冰点以下。仙人掌类多浆植物（多达140余属）大多原产南、北美热带、亚热带大陆及附近一些岛屿，部分生长在森林中。其他多浆类的植物（如生石花、佛手掌、绿铃、弦月、芦荟、沙鱼掌、龙舌兰、松鼠尾等）大多来自于被誉为“多浆植物宝库”的南非，仅少数分布在其他洲的热带及亚热带地区。从产地及生态环境上看，可以把上述植物分为三类：

第一类是原产热带或亚热带干旱地区或沙漠地区的植物。在土壤及空气极为干燥的条件下，借助于茎、叶的贮水能力而生存。如原产于墨西哥中部沙漠地区的金琥。

第二类原产热带或亚热带的高山干旱地区的植物。这些地区水分不足，日照强烈，大风及低温环境条件而形成了矮小的多浆植物。这些植物叶片多呈莲座状，或密被蜡层及绒毛，以减弱高山上的强光及大风灾害、减少过分地蒸腾。

上述多浆类植物为了在不影响贮水情况下，最大限度地减少蒸腾的表面积，体态上多趋于球体及柱形。还大多具棱肋，雨季时可以迅速膨大，把水分贮存在体内，干旱时，体内失水后又皱缩。某些种类还有毛刺或白粉，可以减弱阳光的直射；表面角质化或被蜡层也可防止过度蒸腾。少数种类，具有叶绿素的组织分布在变形叶的内部而不外露，叶片顶部（生长点顶部）具有透光的“窗”（透明体），使阳光能从“窗”射入内部，其他部位有厚厚的表皮保护，避免水分大量蒸腾。

此类植物长期生长在少水的环境中，形成了与一般植物的代谢途径相反的适应性。这些植物在夜间空气湿度相对较高时，气孔张开，吸收CO_2，白天气孔关闭，可避免水分的过度蒸腾，所以室内布置此类植物有利于净化空气。

根据这两类植物喜欢炎热、干燥环境的特性，最适宜布置在阳光充足的窗台或者房间中环境条件相似的地点。

另一类是各种附生仙人掌类，原产热带森林中。这类植物不生长在土壤中，而是附在树干及阴谷的岩石上。如原产巴西的假昙花和仙人指以及原产墨西哥、中美洲和印度西部的昙花都原本生长在森林中，它们不能忍受夏季炎热阳光的暴晒，在室内要注意适当蔽荫。

2.1.3 地中海式气候地区植物

在热带雨林和半沙漠这两种极端条件之间是温暖的地中海式气候，通常冬季最低温度为6～7℃，夏季温度为20～25℃。夏季温暖干燥，冬季湿润。地中海盆地、南非、澳大利亚东南部、美国西南部的部分地区以及智利中部等属于这种气候条件。许多观赏植物，如风信子、郁金香、水仙、仙客来、欧石南、天竺葵、鹤望兰、唐菖蒲、石竹、君子兰、酢浆草以及许多棕榈等都起源于这种气候条件。它们中绝大部分植物理想的室内生长条件为温暖、阳光充足和保持湿润的环境。

虽然，室内观赏植物来源于野外，具备各自特有的生态习性，但是，往往也具有较强的适应性，能够在一些非常恶劣的环境下生存，甚至可能是与原产地截然相反的环境。我们不必过多地拘泥于植物的原产地，可尝试着将各类植物种植在室内，一般只要不是过分恶劣的环境条件，这些植物亦有可能适应。

2.2 室内绿化与室内空间温度

温度是室内观赏植物养护的重要环境条件。观赏植物的叶色、叶质都是在特定的温度环境中形成的。不同的观赏植物，对温度要求也各不相同，这是植物在漫长的进化过程中形成的遗传特性。

一般室内观赏植物，都具有较高的温度要求，生长最适温度为25～30℃，有些在40℃的高温下仍能旺盛生长，但极不耐寒，温度降到15℃以下，生长机能就会降低，再继续降低室温，就可能使植物完全停止生长，以致不能忍耐而枯死。不同的观赏植物，因原产地的不同，它们对温度适应的范围也有所差异，特别是冬季室内的最低温度往往是室内观赏植物生长的限制性因素。按照观赏植物越冬所需的最低温度，大致可分为三类：

（1）高温型　一般冬季室温不低于10℃，如海芋、广东万年青、变叶木、花叶万年青、虎尾兰、龙血树、竹芋等。

（2）低温型　冬季最低室温可低至3℃，如吊兰、洋常春藤、天门冬、苏铁、棕榈、一叶兰、部分观赏竹等。

（3）中温型　冬季室温不低于5℃，如朱蕉、凤梨类（部分种）、铁线蕨、彩叶草、龟背竹、香龙血树、鸭跖草、吊竹梅、芦荟、文竹等。

目前我国一些大型公共建筑，如写字楼、宾馆、酒店、候机大厅、会堂、商场等室内温度完全可以按人的意愿加以控制，都能够完全依靠技术手段增温、降温和通风，以保持相对恒定的温度，以最大限度地满足每一空间内人的舒适性。相对于室外而言，室内温度变化要温和得多。这些地方的最低温度并不是观赏植物室内生存的限制因子，而长期的恒温或通气条件则可能会影响观赏植物的生存和发育模式。

人为控制的室内温度相对恒定，表现在：

一是季节温差小。室内温度首先是满足人的舒适性，而人需求的最适温约为20℃，因此，在有空调控制的室内，温度变幅大致在15～25℃之间。但是，植物属于变温生物，其根、茎、叶（花、果实）体温均随着气温的变化而形成一定的生长规律。来自不同原产地的各种植物，对温度的周期性的感应也不一样。原产温带地区的植物随四季的周期性变化而相应形成生长发育的周期性变化：春季萌发生长，夏季旺盛生长，秋季落叶准备休眠，生长缓慢，冬季停止生长进入休眠；原产热带的植物，也可观察到干湿两季的变化：在干季常出现落叶，在湿季旺盛生长；原产地中海气候的植物如水仙、郁金香、仙客来等，则在干燥炎热的夏季进入休眠。所以，基本恒定的室内温度，却可能打破植物随季节变化而生长的节律。

二是昼夜温差小。人是恒温动物，昼夜温度一致是最理想不过的了，因此室内昼夜温差往往变化不太大；在自然界，昼夜温差却十分明显，白天温度高有利于植物光合作用，合成的养料就多；夜间温度低，植物养料消耗少，有利于养分的积累和植物体的生长。显然，植物在完全恒温的房间内不利于其生长发育。

三是没有极端温度。即没有过热、过冷的情况出现。这对某些要求低温刺激的植物是一个不利因素。当然，室外植物还受温度异常变化如潮、霜冻以及高温酷热的影响，而室内基本上没有这些影响。

由于植物是变温性的，对温度具有一定忍耐幅度，一般满足人的室内温度也适合于植物。正因为考虑人的舒适性，室内植物在选择上大多用原产热带、亚热带的观赏植物，因此室内有效温度最好控制在 18～24℃，最低不宜低于 10℃。

适宜的温度是栽培好室内观赏植物的重要因素之一。在温度适宜的情况下，植物生长较旺盛。但温度的作用不是孤立的，它常和光照、湿度、通气等因子共同作用于植物。

2.3 室内绿化与室内空间光照

光是室内植物最敏感的生态因子，是植物制造有机物质的能量源泉。植物利用叶中的叶绿体吸收 CO_2和 H_2O，在光的驱动下转变为糖类并放出 O_2，从而维持了植物正常的生命活动。这个过程即称为“光合作用”。它是地球上动物界，包括人生存的基础，是生命之源。

同室外植物一样，室内植物的健康成长也受到光因子的三个特性影响，即光照强度［单位：勒克斯（lx）］、光照时间［每天植物接受的时间，单位：小时（h）］和光质［即光的波长，单位：纳米（nm）］。

2.3.1 光 强

在自然界中，热带和亚热带的观赏植物，其生长所需光的范围较广，但总的来说，需光量较少。

不同的观赏植物种类，需要的光照强度各异，可从白天最明亮的光照（1.5×10^4lx 以上）到最阴暗的丛林中的弱光（只有 10～20 lx）。有些植物附生于树干或树枝上，它们在散射光下生长；另一些水生植物则在阴暗的丛林沼泽地生长。有一些叶色鲜艳多彩或叶形奇特多姿的观叶植物，长期生长在丛林蔽荫的环境下，从而养成了不耐强光的习性，当其娇嫩的绿叶受到强烈阳光照射时，很容易使叶色变深、叶质变硬而粗糙，失去鲜艳而翠绿的色彩，破坏了它的美感。根据观赏植物对光照的要求，可分为喜光植物、中性植物和耐阴植物。

（1）*喜光植物* 喜阳光，在全日照下生长健壮，在蔽荫或弱光条件下生长不良或死亡。如变叶木、部分凤梨类、仙人掌科、景天科和番杏科等部分多浆植物。

（2）*耐阴植物* 这类植物要求适度蔽荫，在室内散射光条件下生长良好，在光照充足或直射光下，常生长不良。如竹芋类、蕨类、兰科、一叶兰、八角金盘、部分凤梨科植物、天南星科植物等。

(3) 中性植物 这类植物对光照的要求介于上述二者之间，一般需充足的阳光，但具有一定的耐阴能力，在蔽荫环境或在室内明亮的散射光下也能生长或生长较好。如苏铁、朱蕉、香龙血树、印度橡皮树、红背桂、榕树、棕榈、洋常春藤、虎尾兰、蒲葵等。

若想使观赏植物保持叶色新鲜美丽，就必须陈设在适当的地方。如喜光的喜光植物，宜放在靠近窗边；耐阴植物，则可以放在远离窗边的较荫蔽处。如果发现植株叶片变小，而茎节抽长，说明光线不足。

在光照不足的室内，可以利用植物培养灯来增强光照。据研究，这种发射红光的荧光灯与太阳光的成分相似，对植物的光合作用是有效的。根据对一些室内观赏植物的光合特性测定，大多数光补偿点（光补偿点即为光合作用与呼吸作用达到平衡，不产生干物质时的光照强度）低（如仅为70~100 lx），则光饱和点（光饱和点即为在增加光强的情况下，不再增加干物质的光照强度）也较低。补偿点不超过全部太阳光照强度1%，这是较典型的耐阴观赏植物的特性。如能在室内适当延长光照时间，或增强光照强度，就可以扩大观赏植物种类的选择范围。

室内观赏植物虽然能适应室内微弱的光照条件，但由于长期生长在室内，叶片上易积滞灰尘、水肥管理不便、室内空气流通不畅、或因冷气的影响，产生空气过干现象、加上人为的机械损伤等原因，使其生长易受到一定的影响，以致观赏价值下降。盆栽植物的向光源一侧和背光源一侧的光照强度差异较大，从而影响植物的均衡生长，所以要定期“转盆”或更换植物的放置位置，或定期送至温室大棚调养一段时间。

2.3.2 光照时间

植物的所有生长发育过程无不与日照长度有一定的关系，因植物分布纬度而异、日照长度而不同，分长日照植物、短日照植物、日中型植物和中日型植物四类。长日照植物是当日照长度超过它的临界日长时才能开花的植物，原产于北方，开花多半在夏季（如凤仙花）；短日照植物是当日照短于其临界日长时才能开花的植物，原产于南方（如菊花）；日中型植物是在任何日照条件下都可开花的植物，对日长不敏感，四季都可以开花，如月季、天竺葵等。中日型植物则要求日长接近12h。根据植物这一生理特性，人们可能通过在室内人为调整光照时间来控制植物的开花，丰富我们的室内空间。

室内光照时间因受到建筑结构、人为活动的制约而大大缩短。在有天窗的中庭空间，植物接受的直射光只有室外的1/5~1/4，室内中庭空间内植物每天接受的直射光时间只有2~3h（图2-1）。而用灯光照明的空间，如商贸、办公空间，常是人在灯明，人走灯灭，正常的光照是上班或营业时间，在周末或节假日有的甚至完全不开灯。如果能为植物提供了足够的光源，通过自动定时系统来解决植物的日照问题，则可能既满足植物生长，又能适时开花。

2.3.3 光 质

太阳可见光（即红、橙、黄、绿、青、蓝、紫 ）的波长在380~700nm之间。植

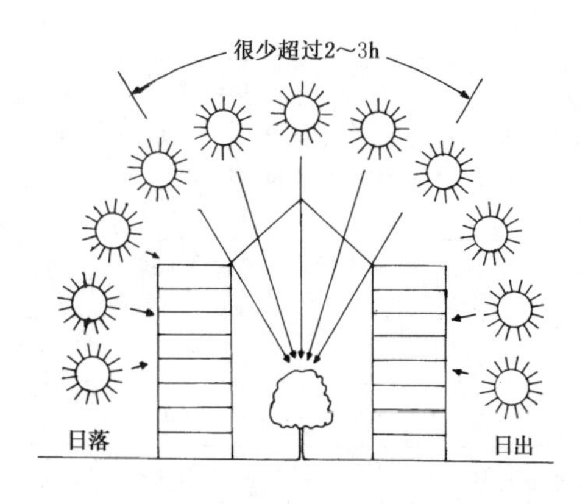

图 2-1 室内中庭空间内植物每天接受的直射光时间只有 2～3h

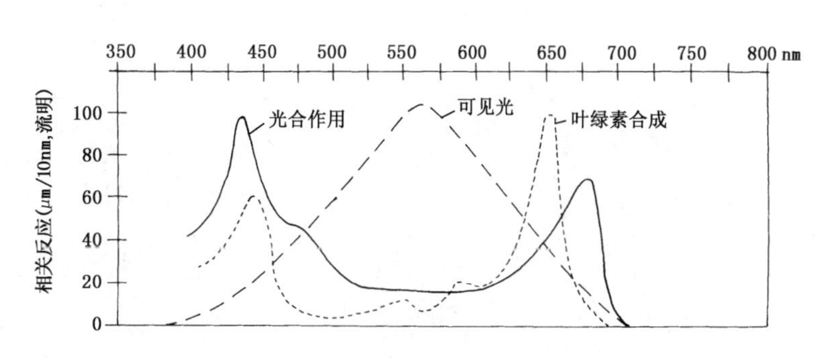

图 2-2 光合作用及叶绿素合成所需可见光谱

物生理学研究表明，在光合作用中，植物并不能利用光谱中的所有波长的光能，只是可见光区的部分波长。光合作用及叶绿素合成所需光谱能量表示在如图 2-2。从图中曲线可知，光合作用的峰值波长是435nm（蓝光），而叶绿素合成峰值是650nm（红光）。即对植物而言，红光和蓝光是最佳的光源。在室内空间中，植物经常是通过玻璃获得光线的，因此玻璃的性质就非常重要了。白玻璃能够均匀地透射整个可见光谱的光线，为植物提供了最适的光谱能量，但不利于人的舒适性，而人们曾经广泛使用的有色玻璃和反光玻璃则导致了室内光强的减弱，影响了室内植物的生长。

2.3.4 光源类型

与室内绿化有关的室内光线有自然光和人工光源。

2.3.4.1 自然光

通过玻璃进入室内的自然光包括太阳的直射光、漫射光、反射光。有效利用自然光是降低灯光能耗、降低室内植物白天对灯光照明依赖性的有效方法。

20 世纪中期继反光玻璃和有色玻璃后出现了第三类玻璃制品：纤维玻璃和其他玻璃合成物，它们创造了室内半透明的玻璃系统空间，很好地协调了室内植物与人类需求的矛盾。这类玻璃形成的室内光是漫射光，其亮度比透明玻璃形成的室内光量度要大得多。此外，它可以把早晨和下午低角度的太阳光引入室内，也就增加了室内植物可利用的光照时间。然而，由于这类玻璃看不透，限制了室内视线的扩展及室内借景的创造。

2.3.4.2 人工光源

建筑物与室内设计倾向于更有效的室内空间利用。如前所述，有时建筑师为追求美学效果采用有色玻璃，结果自然光穿过天窗或侧窗进入室内的比例越来越少。在这种情况下，要扩大室内绿化，必须考虑人工光线照射。白炽灯、荧光灯、高压汞灯、钠灯、金属卤化灯和氙灯是目前使用的人工光源，从理论上讲都可以作为植物光源，但在光强、光质、寿命等方面各有优劣，见表 2-1。

表 2-1 人工光源特征比较

序号	人工光源	红 光	蓝 光	其他特征	对室内植物的影响
1	白炽灯	比例高	偏少	①集光性好，成本低，能量效益低 ②寿命短，温度高，光线分布不均，光强不足	加速蒸腾，可能导致植物节间过度增长茎弱纤细
2	荧光灯	偏少	比例高	①光效高于白炽灯 5 倍，灯光品种多（日光色、冷白色、暖白色等），能量效益比白炽灯大，热能产生少，寿命更长 ②聚集光度差	比白炽灯适合于植物
3	高压汞灯	偏少	比例高	发光效率高、寿命长（最长可达 24 000h）	外玻璃内涂荧光粉，增加红色光，最适合于室内中庭大空间的绿化照明
4	金属卤化灯	与天然光谱相近	与天然光谱相近	①尺寸小、功率大、光效高、光色好 ②寿命比高压水银灯短（约 1 500 ~ 2 000h） ③紫外线辐射较强，必须增加玻璃外壳	是大型室内环境较理想的光源
5	高压钠灯	比例高			易引起植物节间过度生长，可与汞灯结合使用
6	氙灯	与天然光谱相近	与天然光谱相近	①功率最大 ②寿命较短，平均 1 000h 左右 ③紫外线辐射较大，作一般照明时，必须装滤光罩	适合于在较大尺度的室内庭园的照明
7	LED 灯	比例任意控制	比例任意控制	①新型绿色环保光源 ②寿命长 ③光质纯、光效高、波长类型丰富	可以模拟植物生长所需要的光谱和光强，显著促进植物的生长和发育

在使用人工光源补充室内光照时，要注意人工光源的角度、强度以及可能提供的照明时间来满足植物的生长需要。人工光源往往可能是散射光源和点光源。如荧光灯、LED 灯或多个白炽灯的光是散射光，光分布均匀、无方向性，有利于植物的均匀吸收和利用；金属卤化物灯、高压钠灯和氙灯是点光源，往往无法渗透到大多数室内植物的树冠内部，导致树冠内部叶凋落，形成雨伞状树冠，影响了观赏。所以，应该保证室内庭有较好的散射光，设计时必须保持植物在垂直方向约有 70% 的光，水平方向约 30% 的光，这将使光能很好地渗透到植物树冠中心，并保持树冠表面合适的光强。另外，人工光源每天照射的时间可用开关或定时器控制，在日光、灯光或二者结合的条件下保证植物在室内可成功地满足所需要的光照时间。

2.4 室内绿化与室内空间湿度

水为植物体的重要组成部分，占植物鲜重的 75% 以上，也是植物生命活动的必要条件。植物生活所需要的矿质元素都来自水中，被根毛吸收后供植物体的生长和发育。光合作用也只有在水的存在下才能进行。所以植物需水量很大。由于室内观赏植物原产地的雨量及其分布状况差异很大，不同种类植物需水量差异也较大。为了适应环境的水分状况，植物体在形态上和生理机能上形成了特殊的要求。

在室外，水以气态水（湿度）、液态水（露、雾、云和雨）及固态水（霜、雪和冰雹）对植物产生影响；而在室内，除了水生植物的基质水外，水主要以湿度的形式影响植物。水分对植物的生长影响也有一个最高、最适和最低（量）的三基点。低于最低点，植物萎蔫，生长停止、枯萎；高于最高点，根系缺氧、窒息、烂根。只有处于最适范围内才能维持植物的水分平衡，保证其正常生长。

常见的观赏植物按其对水分的需求量及其对水湿或干旱环境的适应能力，可分为以下几类：

（1）水生植物　指所有生活在水中的植物。这类植物最突出的特点是通气组织发达。根据生长环境中水的深浅不同，可分为沉水植物、浮水植物和挺水植物三类。沉水植物如金鱼藻，浮水植物如睡莲、浮萍等，挺水植物如香蒲、芦苇等。

（2）湿生植物　这类观叶植物喜潮湿环境，如天南星科植物、蕨类，喜欢空气湿度大的阴湿环境。这些植物在干旱低湿的环境中，姿色不佳，甚至死亡。

（3）旱生植物　耐旱性强，喜干燥环境，需水量较少，在土壤含水量少，空气湿度低，甚至短期缺水，也不会对它们产生多大影响。为适应干旱的环境，它们在外部形态上和内部构造上都产生许多适应性的变化和特征，如叶片变小或退化变成刺毛状、针状，或肉质化，表皮层、角质层加厚，气孔下陷，叶表面具厚茸毛，减少体内水分蒸腾，同时根系都比较发达，能增强吸水力，如仙人掌类、景天科植物、龙舌兰、虎尾兰、芦荟等。但这类植物不耐涝，如浇水过多、空气湿度太大，反而会引起根部病害或烂根。

（4）中生植物　喜欢湿润环境，忌水分过多。在土壤过分干燥或过分潮湿的条件下，生长不良。如文竹、吊兰、君子兰、鹤望兰、冷水花、橡皮树、棕竹、苏铁、棕榈、秋海棠类、观赏竹等。中生植物的需水程度介于湿生和旱生植物之间，但因种类不同而有一定的差异，在水分管理上，要视具体种类，分别对待。

观赏植物在各生长发育阶段也具有不同的需水要求。室内观赏植物是以观赏绿叶为主，而一般茎叶营养生长阶段必须有足够的水分，若在冬季或夏季处于休眠阶段就无需过多水分。在栽培管理上还要注意经常调节土壤水分和空气湿度，创造一个适宜生存的良好的水湿环境。

室内环境水源一般都有保证，因此只要精心管理就不存在植物缺水的情况。但空气湿度这一因素往往忽视。实际上，空气中的湿度对室内植物的影响并不亚于土壤湿度。观叶植物在室内栽培时，室内较低的湿度，常常会使那些对湿度敏感植物的叶子受害。尤其是一些湿生植物、附生植物、蕨类植物、苔藓植物、凤梨科植物、食虫植物及气生兰类，在自然界中，它们附生于树干枝上，生长于岩壁上、石缝中，吸收湿润的云雾中的水分。当它们引入室内栽培时，必须保持较高的相对湿度，不然就会死亡。在现代化栽培设施广泛运用的今天，可用现代设施代替人工喷雾方法来提高室内相对湿度，如自动超微喷雾装置，利用电子学的光电装置，在空气干燥时，自动为室内植物喷雾，以提高空气相对湿度。

由于人需要的最适湿度不是很高，则需要协调人与植物的关系，室内空气湿度一般控制在40%~60%为宜，如降至25%时，植物就生长不良。对一些附生性和气生植物，以及很多观叶植物，可局部增大湿度满足其生长需要。在内庭设置水池、叠水、瀑布、喷泉等有助于提高空气湿度；成丛、立体化配置植物，使之形成一个相互依赖的群落，各单株植物蒸腾放出的水分增加了周围空气湿度，从而使植物相互受益。

夏季，在室内温度高、湿度大的情况下，要注意通风透气，室内空气流通差，供给植物生长的 CO_2、O_2 不足，会导致植物生长不良、易发生病虫害。

室内植物需水程度比室外植物相对小得多。室内几乎无风，光照强度及光照时间都相对减少，水从叶表面和根部培养土中蒸发的量大大减少，因此水主要用于满足其生理需要了。室内植物供水技术自从把植物引入室内就开始了。到现在，人工浇水仍是最普通的供水方法，但随着室内植物种植类型的多样及种植位置的限定性减少，室内植物供水技术也得到了很大发展。近年来，国内外出现了智能型灌溉系统，这种系统最基本的组成部分是盛水容器、真空传感器和毛细管系统。它是利用类似于自然界植物吸水的机能，若根部缺水时，通过真空传感器感应，毛细管部分能够自动从储水器中吸取水分，消除了人工浇水引起的一干一湿循环的情况。此设施并可制成移动式种植器和固定式种植器，形成地灌系统。

复习思考题

1. 什么是高温型、低温型、中温型室内观赏植物?
2. 什么是阳性、阴性、中性室内观赏植物?
3. 什么是水生、湿生、旱生和中生室内观赏植物?

3 室内绿化装饰类型

【本章重点】 室内观赏植物类型；室内观叶植物；室内观赏植物的美学特性；室内石景，主要品石和太湖石的选择标准；室内水景；自然式桩景；插花艺术的基本构图形式。

3.1 室内观赏植物

3.1.1 室内观赏植物类型

从植物的观赏特性及室内造景的角度，可以把室内观赏植物划分为观叶植物、观花植物、观果植物、藤蔓植物、水生植物等。

3.1.1.1 观叶植物

室内观叶植物是指原产于热带、亚热带地区，具有一定耐阴性，适宜在室内散射光条件下生长，专供观赏叶片色泽、形态和质地的一类植物。因其能耐一定程度的蔽荫，因此，又称之为阴生观叶植物。

观叶植物大多数来源于热带和亚热带地区，原来的生态条件较湿润、蔽荫。由此，大多数观叶植物耐阴、不耐寒，适宜在20℃左右较为恒温的室内生长。观叶植物在原产地，多生长于林下，在室内正常光线下它们大多能整年保持吸引人的外观，有的甚至可达数十年。有资料表明，观叶植物更喜欢高湿空气（70%~80%相对湿度），但亦能耐受干燥空气（10%~30%湿度）。因此，观叶植物成为室内绿化的主导植物，为当今欧美国家广为栽培。

常见种类有：苏铁类、龙舌兰类、龙血树类、富贵竹、朱蕉类、南洋杉、垂叶榕、花叶榕、橡皮树、红背桂、八角金盘、变叶木、散尾葵、棕竹、短穗鱼尾葵、鹅掌藤、龟背竹、花叶万年青、广东万年青、蕨类、海芋、花叶芋、旱伞草、一叶兰、虎尾兰类、文竹类、冷水花类、凤梨类、竹芋类、花烛类、网纹草类、白花紫露草、麦冬类、椒草类、秋海棠类、虎刺梅等。

3.1.1.2 观花植物

室内观花植物不仅是指它可以在室内顺利开花，同时还要求尺度适合，能够忍耐室内较高的温度和较低的湿度，并能正常生长。植物花分为单花和花序两类，同时有大小、色彩和形态特征的差异。

大小：在室内植物中，单花直径大多在10cm以下，如百合、新几内亚凤仙花、马蹄莲、扶桑、木槿等；而由多花组成的花序就大得多，如八仙花的花序可达30cm。

色彩：色彩是植物花最具特色的特征，特别是许多栽培变种和杂交种的出现更丰富了自然界花卉的色彩。如瓜叶菊的花色除常见的白、粉、红外，还有少见的紫、蓝及各种复色。

花形：花形是植物花最基本的特征。有筒状、漏斗状、钟状、高脚碟状、坛状、辐状、蝶状、唇形、舌状等。花序有穗状、总状、肉穗状、伞形、复伞形、伞房和聚伞形等。

观花植物类主要以其鲜艳的色彩和馥郁的芳香著称。常见的有：栀子花、桂花、月季、山茶、杜鹃花类、米兰、含笑、扶桑、龙船花、君子兰、马蹄莲、瑞香、倒挂金钟、八仙花、大花蕙兰、蝴蝶兰、铃兰、兜兰、春兰、文心兰、鹤望兰、玉簪、水仙、火鹤花、瓜叶菊、大岩桐、白花紫露草、旱金莲、报春花、非洲紫罗兰、龙吐珠、四季海棠、荷包花、迎春、金苞花、天竺葵等。

与观叶植物比，观花植物要求较为充足的光线，且夜晚温度应较低，才能使植物储备养分，促进花芽发育。因此观花植物的布置在室内要受限得多。但在条件好的地方可以通过人工灯光和温度的控制，使观花植物在需要的任何时节开花。观花植物的选择尽可能考虑花色鲜艳，季节性强，花期较长，或花叶并茂的观花植物。如瓜叶菊、报春花、杜鹃花、蝴蝶兰、大花蕙兰、丽格海棠、蟹爪兰、鹤望兰等。

3.1.1.3 观果植物

果实是秋天的象征，是重要的观赏特征。果实观赏以色不以味，要求有美观的形状或有鲜艳的色彩，果实成熟色以红紫为贵，黄次之。由于受室内环境因素的限制，室内绿化中可用的观果植物较少，常见的大型果有石榴、金橘和苹果、艳凤梨；小型果较多，如火棘、枸骨、南天竹等。在色彩上成熟后大多为红色（万年青、枸骨），也有黄色（金橘），在成熟过程中还有从绿色到红色的各种变化色彩。观果植物置于适当位置能起到吸引视线的作用。

观果植物与观花植物一样，一般都要有充足的光线和水分，否则会影响果的大小和色彩。观果植物的选择应首先考虑花果并茂的，如石榴，或果叶并茂的，如艳凤梨。

3.1.1.4 观茎植物

在自然界中，植物茎形态也存在多样化特点。形态独特，色彩各异，从而被人们喜爱。该类植物多数来自于干旱沙漠地带，为了减少白天的蒸腾作用，减少体内水分的损耗，大多数叶退化成刺状，而茎干增粗，以便储藏生长需要的养分。常见的有仙人球属植物和仙人掌属植物。

3.1.1.5 藤蔓植物

藤蔓植物包括藤本和蔓生性两类。

藤本植物可分为攀缘型和缠绕型。攀缘型植物的茎节上有气生根或卷须、吸盘等结构，借助这种结构使之附于柱、架、棚等造型物体上，形成特殊的观赏形态，如常春藤类、龟背竹和绿萝等。缠绕型的植物如文竹、龙吐珠等，特点是茎无附着结构，仝靠软茎缠绕于造型物体上生长。由于植物没有固定结构，更易于人工造型，形成各种形态的植物艺术造型。

蔓生性植物指的是有匍匐茎的植物，如吊兰、天门冬。其特点是植物体不长，平卧或下垂。这种植物最适于做吊盆栽植。

藤蔓植物大多作为室内垂直绿化植物，作背景的比较多，但也有的具有艳丽的花，如茑萝类、牵牛花属植物；或有大型奇特的叶，如龟背竹等，这些植物亦可作为主景植物。藤蔓植物的形态如图 3-1。

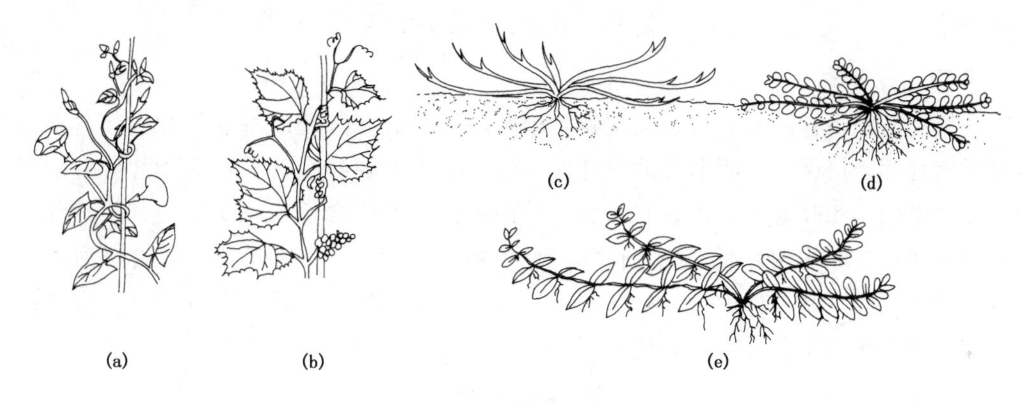

图 3-1 室内观赏藤蔓植物形态

（a）缠绕式 （b）攀缘式 （c）蔓生式 （d）铺散式 （e）匍匐式

3.1.1.6 水生植物

水生观赏植物，包括观花的，如荷花、睡莲、花菖蒲；观叶的，如花叶芦竹以及一些用于水族箱的观赏水草；观果的，如香蒲。水生观赏植物按其不同的生活方式和形态分为：挺水植物、浮叶植物、漂浮植物和沉水植物（图 3-2）。

（1）挺水植物　一般植株高大，茎直立。其根部生活在水中，植物大部分挺出水面。如荷花、香蒲。

（2）浮叶植物　一般茎细弱不能直立，根状茎发达，有根在水下泥中，不会随风漂移。如睡莲、菱角。

（3）漂浮植物　一般植物的根不生于泥中，植株随风漂移，多数不耐寒。如布袋莲、浮萍。

（4）沉水植物　整个植物浸没水下，多为观叶植物。如细金鱼藻。

在室内绿化中，对水环境绿化时，可根据水深的不同，有针对性地选择以上植物进行配置，创造接近自然的美好情境。

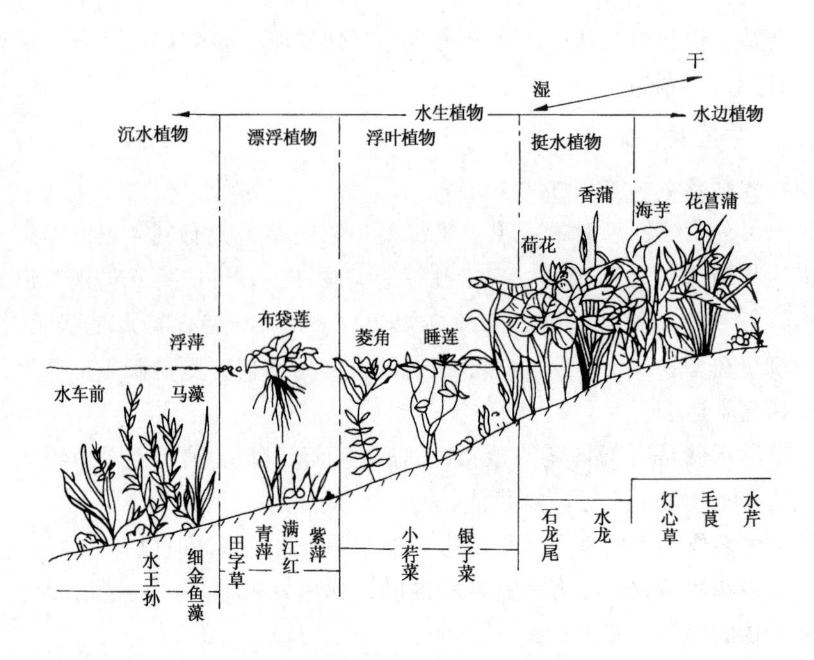

图 3-2 水生植物的分布

3.1.1.7 假植物

假植物指利用各种人工材料如塑料、绢布甚至是金属等制成的观赏性植物，也包括经防腐处理后仍保持鲜活形态的植株体。假植物不需要特定的生长环境，随着制作材料及技术的不断改善，足以以假乱真，从而使这种非生命植物颇受欢迎。虽然假植物在健康效益、多样性方面不如真植物，且价格更贵一些，但在某些不适合鲜活植物生存的场所和为了减少养护管理费用的情况下，用假植物来装饰，亦可起到一定的效果。广东新会市口岸联检楼的大型拱形光棚大堂“小鸟天堂”景观中，其真榕、假榕（塑古榕）混为一体，构成真假难辨的榕林，极具创意。

通过各类丰富的现代人工造景素材来模拟自然，再造自然，将会起到一个崭新的装饰效果。如英国园林设计师玛莎·舒沃茨（Martha Schwartz）的设计具环保主义风格的“拼合园”（The Splice Garden）中，所有植物都是假的，其中既可观赏又可坐憩的“修剪绿篱”，是由上覆太空草皮的卷钢制成。日本设计师 Makato Sei Watanable 景观作品“风之吻”，采用 15 根 4m 高的碳纤维钢棒，以期营造出一片在微风中波浪起伏的“草地”，或在风中摇曳沙沙作响的“树林”。这些现代科技的手法同样可以引用为室内景观制作。

一般地，在光线过强或过弱处、温度过低或过高处、人难到达管理而又在视线处，宜用假植物。同时，在某些结构不宜处，如有的建筑最初并未考虑装饰大型活体植物的承重问题，但由于大型植物生存要求的种植土荷载是很大的，如深根性植物生存的种植土荷载为 600～1 200kg/m^2，要能开花结果，荷载应提高到 1 200～1 500kg/m^2，此时以假植物可兼顾两方面要求。另外在某些特殊环境中，如医院某些病房、某些家庭有防止花粉过敏性反应的要求，可采用假花卉以美化环境。要保持鲜活植物正常的形态和正常的生长，需要经常性的浇水、施肥、剪枝、清洗甚至替换，开支较大。如果真假植物兼顾利用，将会达到很好的效果。

3.1.2 室内观赏植物的美学特性

3.1.2.1 植物的形状

植物体最明显的自然特征就是其形状。虽然有时为了创造某些视觉效果而把植物修成需要的形状，但在充满直线和几何形状的室内空间，人们需要引入的是自然的线和形。

植物的形状主要与外形轮廓有关，但枝叶的生长密度，茎和枝的大小和数量或复叶中小叶的排列方式对植物的形状也有决定作用。虽然植物的外形随植物的生长而改变，但总的外形轮廓大致是一定的。在室内植物中，常见如下几种类型（图3-3）：

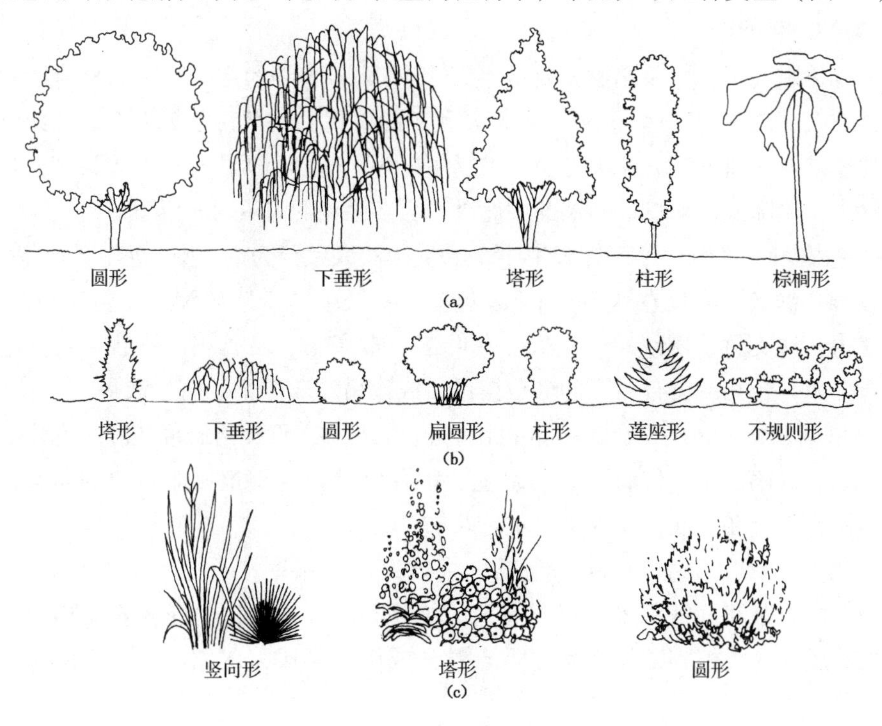

图3-3 室内植物的基本外形

（a）室内树外形 （b）室内观赏灌木类外形 （c）室内观赏草本类外形

（1）圆形和扁圆形　由被子植物合轴分枝形成。合轴分枝是指枝的顶芽经一段时间生长以后，先端分化成花芽或自枯，而由邻近的侧芽代替延长生长，以后又按上述方式分枝生长，这样就形成了曲折的合轴。特点是横轴等于或大于纵轴。该形状大多为双子叶乔灌木，且是植物中占主流的形状，因此往往作为室内绿化的基调景观元素。如常见的榕树类、桂花等；灌木如杜鹃，草本如天竺葵、秋海棠类。

（2）塔形和柱形　大多由裸子植物的总状分枝产生。总状分枝是指枝的顶端具有生长优势，能形成通直的主干或主蔓，同时依次发生侧枝，侧枝又形成次级侧枝。其特点是纵轴大于横轴，常用作视觉强调植物，并能增加空间视觉上的高度，如塔柏、南洋杉、罗汉松等。

（3）棕榈形　特点是叶多集于枝顶，叶大型。大多数的棕榈科植物和苏铁类以及百合科的龙血树属为该类形状。这种形状的植物个性突出，同形植物易于配合，但与其他形的植物配在一起则难取得协调。

(4) 下垂形 枝条柔软下垂，有的可及地。如垂柳、垂枝桃。灌木的迎春属此类。这种形状的植物因外形柔美，极易吸引人的视线，最易于与室内庭的静水面相配合。

(5) 莲座形 是由基生叶产生的形状，即节间短，叶簇生于基部。这类植物多为草本植物，大多花莛直立，有强烈的吸引视线的外形。如虎尾兰属、丝兰属、龙舌兰属的种类等。

(6) 不规则形 是藤蔓植物的外形。由于藤蔓植物茎柔软，其外形不固定，随其缠绕或附着的物体形状而定。这类植物包括有吸盘、卷须等固着器官的攀缘藤本，如绿萝、龟背竹、常春藤等；仅靠柔软茎缠绕附着的缠绕藤本，如文竹、龙吐珠；另一类是具匍匐茎的植物，如吊兰等。

3.1.2.2 植物的大小

植物有一定大小，也是植物对综合生境条件长期适应的结果。在自然界，植物的大小差异极大，最高的可达150m（如澳大利亚的桉树），最小的仅几毫米（如浮萍），但常见的还是在几厘米到几十米之间。在室内，由于空间的限定及人体尺度，使用的植物高度进一步降低，除贯通几层的中庭外，大多数植物都在2m以下。

根据室内空间的特点，可以把室内植物按其大小大致分为小、中、大和特大等类型。

(1) 矮小植物 高度在0.3m以下，包括一些矮生的一年生和多年生花卉及匍匐、蔓生性植物，如文竹、网纹草、景天、花叶芋、常春藤、吊竹梅、铁线蕨等。这类植物很适合桌面、台几或窗台之上的盆栽摆设，或作吊篮、壁饰、瓶景栽植。

(2) 中等植物 高度在0.3~1m范围，包括某些中到大型的草花和小灌木，如君子兰、一品红、鹅掌柴、红背桂、马蹄莲、龟背竹等。这类植物既可单独布置，也可与大、小植物组合在一起，作为室内重点装饰。

(3) 大型植物 高度1~3m，包括大多数灌木及某些小乔木。如南天竹、棕竹、变叶木、杜鹃、茶花、针葵等。很多高大的植物如印度榕、白兰花等在室内也多限制在这样的高度。这类植物常作为室内重点景观或用以形成分隔空间，适于栽植在地面的花池、花箱内。

高度在3m以上的植物可称为特大型植物，如一些可在室内多层共享空间的中庭及一些商业和办公空间种植的植物，南洋杉、榕树、棕榈科植物、竹类等。

我们也可以将此类能够在室内环境中生长正常的乔木或小乔木统称为室内树，是室内重要的观叶观花植物。室内树除了观叶植物的特征外，树冠类型是一个最重要的特征。常用的室内树类型主要有棕榈形、圆形和塔形等。棕榈形树冠如棕榈科植物和龙血树类、苏铁类等；圆形树冠主要指一般双子叶木本植物，如白兰花、榕树类；塔形树冠主要指针叶树，如南洋杉、罗汉松等（图3-4）。

室内树在室内绿化设计中创造空间、调整空间方面起着作用（图3-5）。这主要是指枝下高的作用。枝下高越高、树下空间越大，相反则越小。棕榈类中乔木状单生型的植物如蒲葵、鱼尾葵，双子叶植物的印度榕、垂叶榕、白兰花等枝下高可达3m以上；双子叶植物中的桂花、月桂可达2m，都可用以创造顶界面空间以调节中庭空间。

室内种植时，室内植物的高度往往还包括种植容器的高度。同时，除绝对尺寸外，更为重要的是要考虑植物与植物、植物与内部空间及周围陈设的相对尺寸关系。例如仅45cm高的植物可以成为只有10~15cm高的地被植物内的视线焦点。在桌子附近却

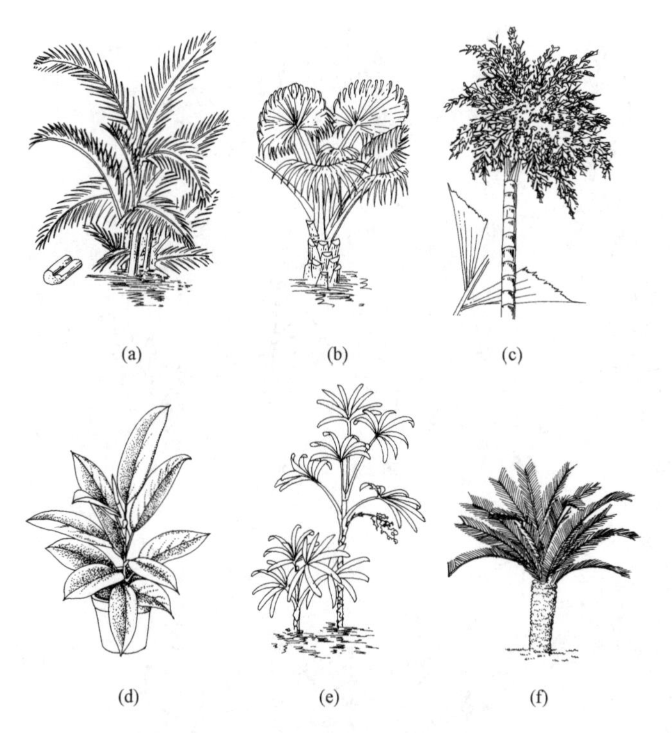

(a) (b) (c)

(d) (e) (f)

图 3-4 常见室内树

(a) 散尾葵 (b) 蒲葵 (c) 鱼尾葵

(d) 橡皮树 (e) 棕竹 (f) 苏铁

图 3-5 室内树景观

适宜摆设 90cm 左右高的植物，而在出入口处的室内植物高度最好在 1.8m 以上，若在贯通几层的中庭空间内的室内树高达 10m 以上则才可能与大空间相称。

室内树的选择要考虑其修剪性和根系状况。棕榈类，特别是大型棕榈植物是不能修剪的，如果条件适宜可持续生长，因此无法调整其高度；而榕树类等双子叶植物则可以通过修剪调整其高度。所以应根据空间的特点选择室内树。棕榈类是须根系植物，根系浅，在室内栽种只需较浅的土层，对建筑的荷载轻；而榕树类等大多为直根系，根系深，在室内栽种需较厚的土层，对建筑的荷载重；因此选择室内树时还要考虑根系深浅与建筑荷载因素。

3.1.2.3 叶形和花形

植物形的观赏除了整体植物的形外，叶形和花形也是室内绿化应该考虑的因素。

叶形是植物较为持久的、视觉较为强烈的特征。植物叶因叶脉、叶形、叶缘、复叶类型、着生方式等不同，而形成鲜明的个体差异（图 3-6）。大小尺寸也不一，大的叶可达 1～3m，如海芋、蒲葵等，小的不足 1cm，如文竹、天门冬、南洋杉等。

花形（图 3-7）观赏的时间比叶短得多，但开花时其视觉特征最为强烈。花形有花瓣分离的，也有合生成筒状的、钟状的；有辐射对称形的，也有两侧对称的；有单花的，也有多花集成花序的，形式千变万化，为室内植物景观多样性的创造提供了条件。

3.1.2.4 植物的质感

质感是室内绿化设计中的重要因素之一，是植物视觉和触觉的表现。室内植物多是常绿的热带和亚热带植物，质感主要由叶的大小、枝叶的疏密及产生的光影变化所决定。叶大有粗质感、叶小有细质感。枝叶稀疏、空隙大，明暗变化明显就有粗质感，

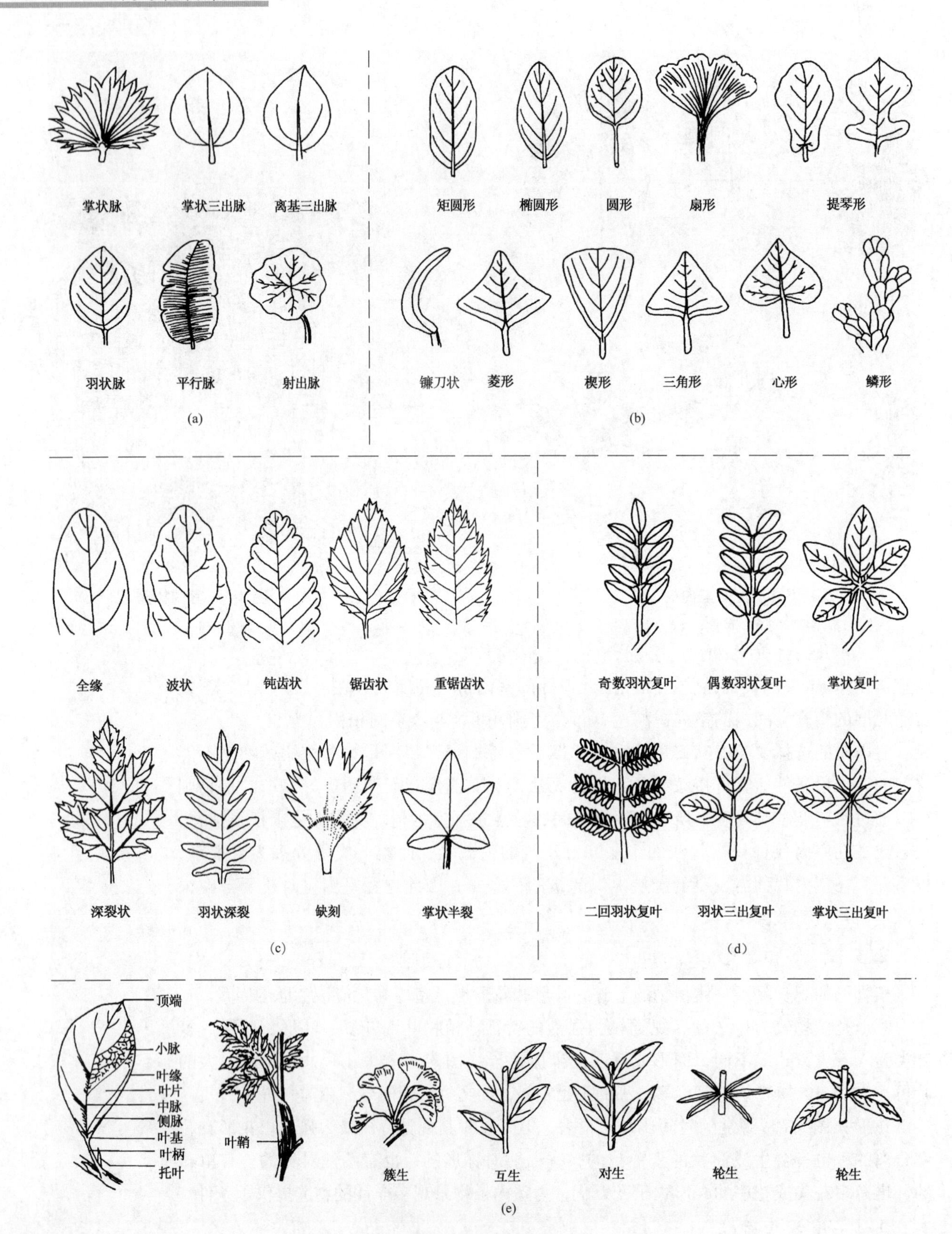

图 3-6 观赏植物的叶

(a) 叶脉的类型 (b) 叶的类型 (c) 叶边缘的类型
(d) 复叶的类型 (e) 叶的形态及着生方式

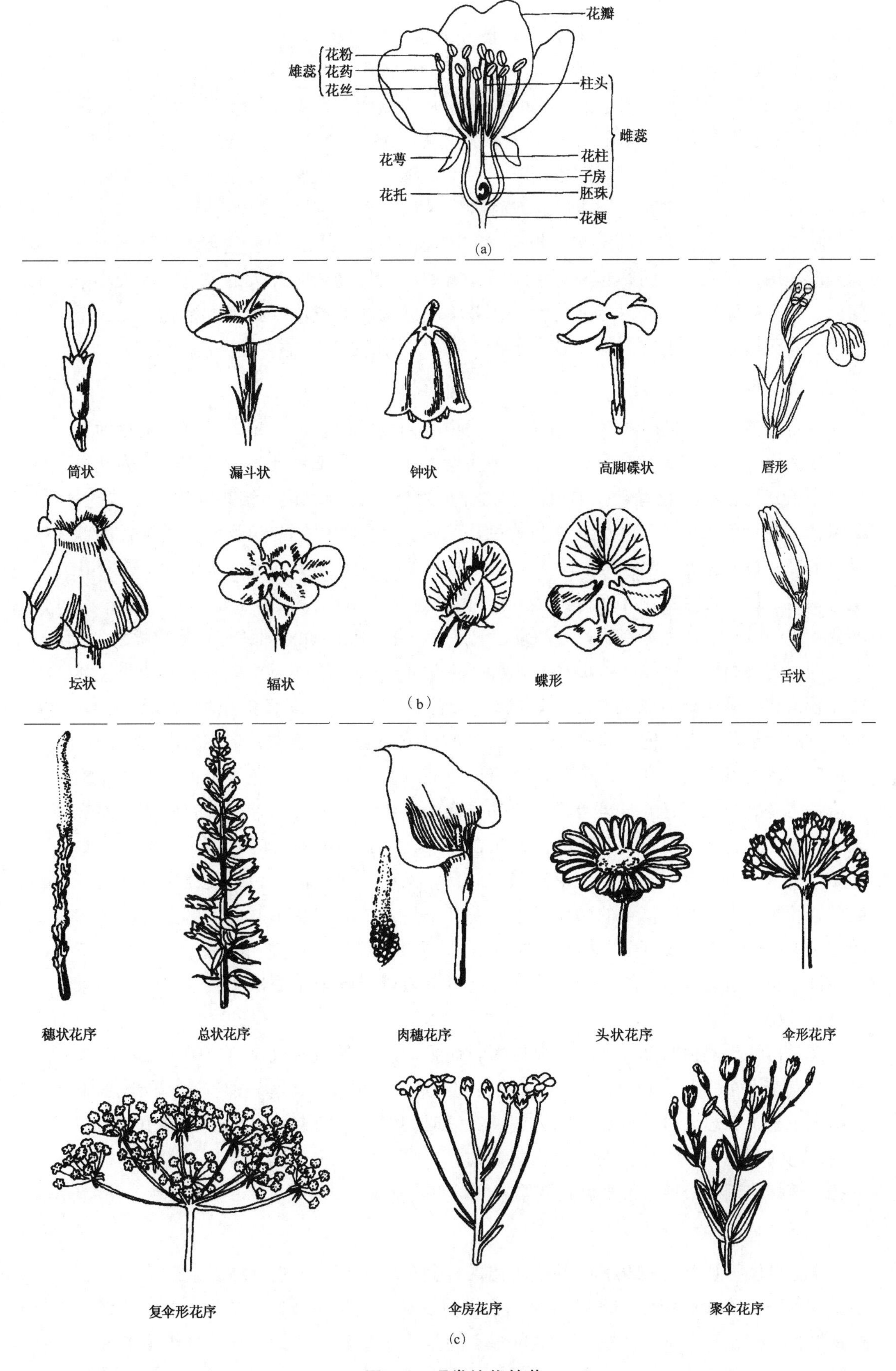

图 3-7 观赏植物的花

(a) 花的构造 (b) 花冠的类型 (c) 花序的类型

例如龟背竹的质感就比天竺葵粗得多。枝叶紧密、空隙小、明暗变化小就有细质感。植物的质感还与叶子的性质有关，叶片结构的微细差异，也使观赏效果各异。有的呈革质（凤梨类）、草质（芋类），有的多皱（波斯顿蕨、皱叶豆瓣绿）、多毛（虎耳草），还有的多汁（仙人掌类）。榕树、橡皮树叶色浓绿光亮，具有光影闪烁的效果；卷曲而优美的肾蕨小叶，滴滴露水衬托出叶子的皱波状，显得格外清新娇美；皱叶豆瓣绿的叶脉之间的许多轻微皱褶形成表面凹凸不平，形成起伏有致的效果。

质感对人心理有相当的影响。粗质感有缩小空间的感觉，即有趋近性；细质感有趋远的作用，从而使空间看起来更大。因此若把质感粗糙或叶片大的植物放置于小空间内，将会使原有空间显得更拥挤不堪；若将质感细腻的或小叶致密的植物放在大空间内，亦无法展现出强有力的气势。此外，室内绿化还必须考虑种植容器的质感。

3.1.2.5 植物的色彩

在自然界中，叶的基本色彩是绿色，是由其内的叶绿素所决定，但有些植物为适应气候变化，随着四季的变化，叶子完成发芽、生长、成熟和死亡的过程，叶内叶绿素逐渐被其他色素如花青素、胡萝卜素和叶黄素以一定量取代，结果呈现出草绿色、深绿色、红绿色、黄绿色以及红色和黄色等色彩。有些常绿针叶植物还有墨绿色和蓝绿色的叶。在园艺上，园艺师们除了应用自然色彩外，为了提高叶的观赏性，弥补花期有限的不足，还选育出了色彩斑斓的彩叶植物，有绿叶、红叶、斑叶、双色叶等。如变叶木的叶片往往呈鲜艳的黄色和橙色，紫背万年青或吊竹梅则常呈娇艳的紫色。

叶片的表面性质往往还可以衬托出叶子的鲜艳色彩，增强对比效果，或使彩斑显得比较柔和。例如秋海棠的叶子，表面皱折或凹凸不平，使彩色的条纹看来更突出。变叶木的叶子呈辐射形向四周散开，金黄色的斑纹顺着叶脉延伸，形成鲜明对比。一些斑叶往往是以绿色为基调，斑纹多数呈白色或灰色、银色或粉色、金色或黄色，构成清楚明显的图案。有的彩斑可像饰边那样点缀叶缘，或循叶脉伸展；有的成横斜交叉的图案；有些则局限于叶面某部分，如在中央。如五彩凤梨的叶片到了花期，中央即是血红色，与其余部分的绿色形成强烈对照。网纹草叶呈深绿色，乳白斑或红色斑纹循着叶脉伸展，形成精致的网状图案；花叶万年青的叶斑从中脉向两旁散开，好像随意涂上一般，与网纹草细致的条纹迥然不同，形成独具匠心的艺术珍品。

许多彩叶植物有较好的耐低光特性，这给室内设计师全年提供了较丰富的植物景观色彩素材。

花是植物为其种的繁衍吸引花粉传播者而采取的一种适应机制。花瓣内没有叶绿素，只有花青素（蓝紫）、胡萝卜素（橙）和叶黄素（黄），靠这三种色素不同比例组合给人带来了五彩缤纷的世界。因为花期持续时间短，培植造价高，往往应用在较为重要的时间和地方。同时，“红花还需绿叶衬”，我们应依据不同的季节布置不同植物的花，兼顾花期、培植造价来创造四季多变的室内景观。

3.1.2.6 植物的季相

植物群体（群落）在某一时间表现出的外貌称为季相。植物群体长期适应于一年中温度的寒暑节律性变化，形成与此相适应的发芽、生长、开花、结实、落叶休眠的植物发育节律，并相应发生植物群落色彩上的整体的变化，例如由落叶林组成的春季嫩绿色季相、秋天的红叶季相等。民间的重阳节赏菊、三月踏青、春节赏梅、秋日观桂的习俗正是源于植物的季相特征，由此也可看出植物的季相变化对人的影响。

室内温差小，加之光线不足，给造四时景色带来困难，但可用“意境”和“四时花卉”来创造。可以利用景观元素如植物、石、水、建筑等来创造“四时”之感觉，用“四时花卉”来形成各季特色。如冬季开花的仙客来、风信子、一品红，冬春季开花的报春花、比利时杜鹃等均是春节期间人们馈赠礼品的最佳选择，这些开花植物把这个缺乏色彩的季节点缀得红红火火。现在我们四季都有很丰富的室内观赏花卉可供选择，但与室外相比，数量则仍然较少，而且必须置于光线较为充足的窗边、阳台等地方。

3.1.3　植物文化

中国园林植物配置深受历代山水诗、山水画、哲学思想乃至生活习俗的影响，大多以比兴手法，花草树木人格化，或赋予花草一定的象征，用于托物言志，其内涵多与正直、孤傲、净洁、长寿等性格和情操有关。在植物选择上，十分重视“品格”，形式上注重色、香、韵，不仅仅为绿化，而且要能入画，要具画意。意境上求“深远”“含蓄”“内秀”，情境交融，喜欢“诗中有画、画中有诗”的景点布置。

古今中外，人们不仅喜欢植物的自然美，而且还将喜欢、欣赏逐渐渗透到人的精神生活与道德观念中。通过植物的某些特征、姿态、色彩给人的不同感受而产生的比拟联想以表达某种思想感情或某一意境。植物的象征意义或称之为“花语”。举例如下：

松——苍劲古雅，万古长青，象征智慧与长寿、高风亮节、坚贞不屈的高尚品质。

竹——虚心有节，象征谦虚礼让、气节高尚、坚韧不拔。

梅——迎春怒放，象征不畏严寒、纯洁坚贞。

兰——居静而芳，象征高雅脱俗、友爱情深。

月季——青春常在，友情。

菊——凌霜傲雪，独立寒秋，象征孤傲不惧、淡泊豁达。

荷花——出污泥而不染，象征廉洁朴素，莲子表示爱情，并蒂莲表示夫妻恩爱。

牡丹——花朵硕大、艳丽，表示繁荣富强、富贵兴旺、吉祥和幸福。

玫瑰花——活泼纯洁，象征青春、爱情。

桂花——芳香高贵，“折桂”表示科举中第，无限荣光。

杜鹃——千丝万缕的思乡之情。

白玉兰——洁白娇嫩，象征典雅高贵。

栀子花——素静、淡雅。

萱草——慈祥、忘忧、永久。

百合——和气、殷实，表示百事合心，夫妻白头偕老。

芍药——爱情与友谊的象征，或表示惜别。

海棠——花丰叶茂，婀娜含娇，表示喜悦、快乐。

红枫——老而尤红，象征不畏艰难困苦。

迎春——象征春回大地，万物复苏。

石榴——果实籽多，喻多子多福。

水仙——家庭幸福，避邪吉祥。

含笑——含笑多情，欲言又止。

石竹——表示慈母之爱。

银杏——文明、古老、昌盛。

金银花——恩爱夫妇。

木芙蓉——贞洁、贞操。

红豆——相思。

向日葵——倾心、崇拜。

紫罗兰——表示朴素、诚实。

吉祥草——祝愿鸿运祥瑞。

金橘——招财进宝，金果累累。

万年青——常青不衰，表示健康长寿或友情长存。

柳——直率、真诚。“折柳”表示送别或赠别。

文竹——叶细弱文雅，比喻文静的书生。

桃——新年伊始，大展鸿图。并与“李”一道象征门生，所谓“桃李满天下”。祝寿时用“寿桃”以祝福老人长寿。

在花卉王国中，人们还通常将牡丹冠为花王、月季为花后、芍药为花相、荷花为花中君子、水仙为凌波仙子、吊兰为绿色仙子、海棠为花中神仙、杜鹃为花中西施、松竹梅为岁寒三友、竹兰梅菊为四君子。

3.2 室内山石景

作为山的缩影，在室内厅堂一隅叠石或置几块山石即可形成主景，也可以粉壁为纸，以石作画，形成立体画面或云墙石壁等景观，也可在空窗、漏窗之前铺装叠石造景，以形成天然的框景；还可在楼梯之下，布以叠石创造从山中云梯登楼之意（图 3-8）；甚至

图 3-8 弧形楼梯与石景

图 3-9　香山饭店四季厅入口处窗洞与大厅

于立石作壁，引泉作瀑，伏池喷水成景。室内山石景还常运用作为“隔”“障”“隐”的要素来丰富空间层次和美化室内环境。如透过香山饭店四季厅入口处影壁的圆形窗洞，先见一组景石，避免了视线的一览无余，使四季厅内景欲露先藏，含蓄幽深（图 3-9）。

3.2.1　山石的品种

历史上均以天然石材为选材素材，通称为品石，但其种类繁多，据宋代《云林石谱》记载，品石数类达 116 种，多为掇山素材，也有供几案陈列及文房清玩者。目前习惯沿用的品石并没有古人所罗列的那么复杂，较典型的有太湖石、锦川石、黄石、蜡石、英石、花岗石等（图 3-10）。古代极有观赏价值的灵壁石现已比较珍稀。

（1）*太湖石*　在园林中使用较早，产于环绕太湖的苏州洞庭西山、宜兴一带。由于其质坚表润，纹理美观，外形多变而有峰峦岩壑之感，所以在品石中评价较高，唐代诗人白居易称“石有聚族，太湖为甲”。近代多是选用山上的形体类似的旱石。

（2）*锦川石*　其状如笋，故俗称石笋；因其表面呈松树形象，所以也有松皮石之称。产于宜兴。锦川石的天然石材较为珍稀，有的为纯绿色，也有其他颜色，色质清润，独具美感。在园林和装饰工程中，多是以人工灰塑精心仿制，模拟其效果。锦川石常置于竹丛花墙下，寓意雨后春笋。

（3）*黄石*　体态方正刚劲，棱角分明，无孔洞，呈黄色，石纹古拙。我国很多地区均有出产，但以常州黄山、苏州尧峰山、镇江图山所产为著。黄石叠山，造型粗犷而有野趣，用来叠砌秋景，极切景意。

（4）*蜡石*　色黄而油润如蜡，故又称黄蜡石，形态浑圆，别具石趣。其主要产地在广东和江西，常将此石作孤景，散置草坪、池边、树下，可供坐歇，又可观赏。

（5）*英石*　此石主要产于广东英德县。石质坚润，色泽略呈灰黑，节理天然，面有多皱，多棱角，峭峰如剑。我国岭南地区庭院假山材料多取英石，其造型和气势与江浙一带的园林假山风格迥异。

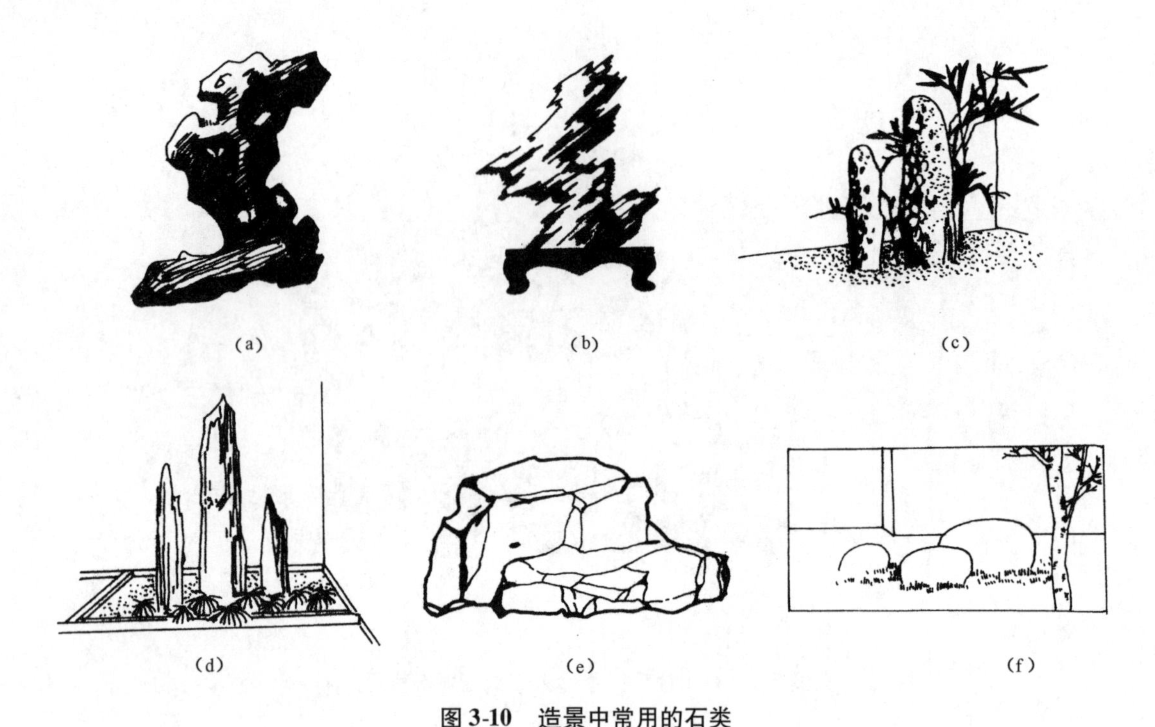

图 3-10 造景中常用的石类

(a) 太湖石 (b) 英石 (c) 锦川石 (d) 青石 (e) 黄石 (f) 蜡石

(6) *花岗石* 是园林用石的普及素材。其质地坚硬，色呈灰褐。除作山石景外，常加工成板桥、铺地、雕刻及其他园林工程构件或装饰艺术小品。作散石景可给人以旷野纯朴之感。

(7) *青石* 这种岩石具有明显的平行折理，自然开裂成条片状，且形如剑者可以代替石笋，所以又称为剑石。颜色以青灰色、灰绿色为多见，产地主要在北京一带。常用作铺道、砌石界用，亦可叠山。

(8) *人工合成的山石* 现代室内绿化设计中，除选用天然山石外，也常采用人工合成的山石。人工山石仿自然山石的质地，近乎可乱真的效果。优点是质量轻，有利于设置在楼层地面上，以减轻荷载。

3.2.2 选石和品石

3.2.2.1 选 石

天然山石是自然界的天然产物，由于所含矿物成分不同及成石环境条件之不同，即使同种山石的外观也不尽相同。选石主要从岩石的纹理、色彩、尺度、质感和造型等几方面考虑。

(1) *纹理* 山石之纹理是指石质所呈现的方向，要选择山石的纹理相同、色彩调和统一为佳。纹理的显隐要相同，粗纹对粗纹，细纹对细纹，横裂纹和横裂纹拼，直裂纹与直裂纹拼。

(2) *色彩* 山石的色彩有黄、青、紫、绿、红、黑、灰、白等色，以淡黄、青灰居多。其配置要注意“物以类聚”的原则，要协调，不可有对比突变。

(3) *石质* 山石之质感指石质颗粒粗细之差别，或粗糙，或细致，或光滑。

(4) *尺度* 要考虑空间的尺度，也要考虑采石条件及运输条件。例如石笋一般不

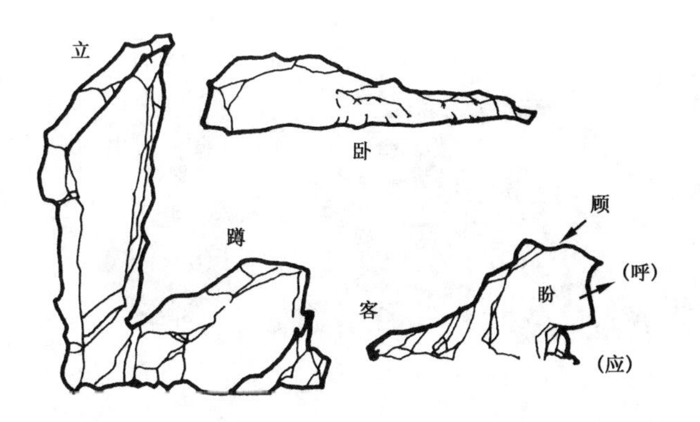

图3-11 石的姿态

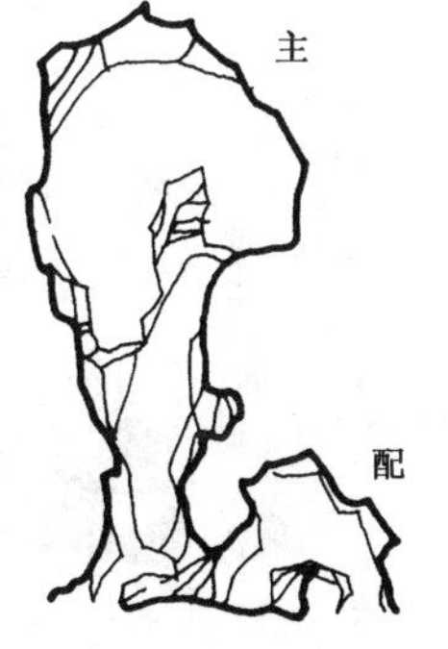

图3-12 山石情态

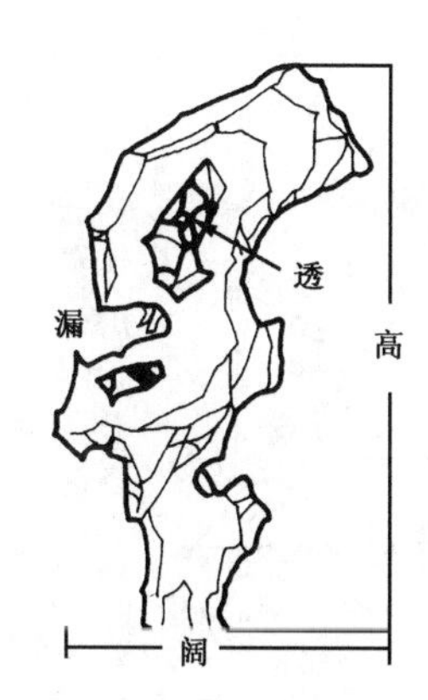

图3-13 太湖石

是很高，仅1～2m。大石与小石搭配使用，应以大石为主，小石为辅。

（5）态势 像人的姿态一样，石有立、蹲、卧三种姿态（图3-11）。山石组合以后，山石之间要有主次、顾盼、呼应等各种情态（图3-12）。

（6）使用部位 如是在假山的底部，要使用能负重荷的。表面的山石必须色泽纹理一致，不外露的山石可降低要求，悬挑的山石避免用垂直的纹理，以防发生断裂。

（7）吸水性能 有吸水性能的山石会长青苔。是否符合设计意图，必须事先有全面的了解。

我国古典园林选石叠山，常用太湖石。太湖石（图3-13）的选择常按瘦、漏、透、皱、丑为美石的标准。所谓瘦，是指石形要瘦峭；所谓漏，是指山石上有小孔眼，可贯通上下；所谓透，是指水平方向有孔洞，由此通彼；所谓皱，是指山石表面因风化而凹凸不平。东坡曰“于文而丑”。“丑”是高度概括了石的千姿百态的独特造型。瘦、漏、透、皱只适合于太湖石的选石标准，不适合于其他山石。

选石时，要注意不同风格的山石切忌混用。例如湖石玲珑多变，黄石浑厚古拙，风格绝然不同，不能混用。叠石缝隙亦不可太琐碎。

3.2.2.2 品 石

将造型、色泽、纹理均佳的石作为陈设品置于室内供观赏，我国具有悠久的历史。人们往往或将一块石想成是高深莫测的“峰”，或视作上天自然所造的艺术品；或拟人化，与石为友，与石为伍。例如宋代传下来的江南名峰瑞云峰、冠云峰、玉玲珑等石，名冠天下，历代人们以能“一睹为幸事”。

“石贵自然”，“贵在天成”。这些石的作者是天，是大自然，而人只是收藏者。若将一块珍贵的天然石加工成所谓“工艺品”，如模仿各种生物姿态，如狮、虎、龙、龟之类的人造石，往往不免落入俗套。

3.2.3 叠 石

叠石造假山，要想达到较高的艺术境界，必须掌握好石种的选择和统一、石料纹理统一以及石色统一的规律。叠石要妙如天然，必须有很高的艺术修养。在室内叠石忌多，宜少许石缀于植物和水池或墙边，其构图需要经过认真构思和设计。

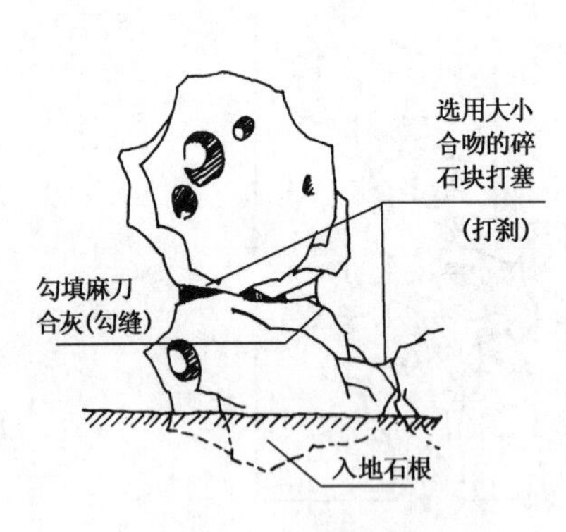

3-14 叠石的方法

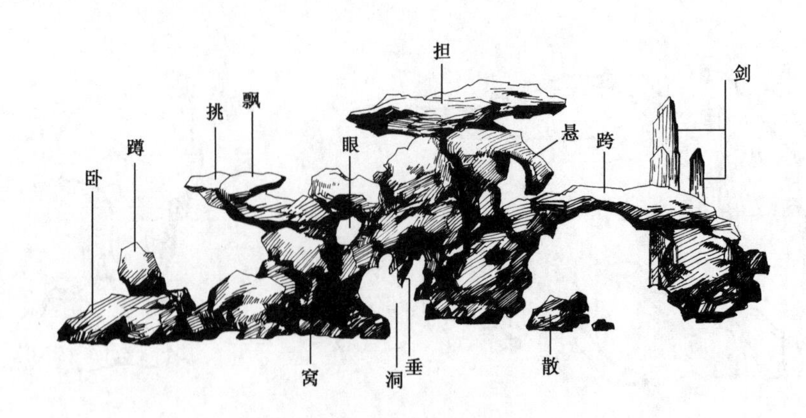

图 3-15 常用的叠石手法

叠石须先打好坚固基础。一般叠石则先刨槽，铺三合土夯实，上面铺填石料作基，灌以水泥砂浆。基础打好后再自下而上逐层叠造。底石应入土一部分，即所谓叠石生根，这样较稳固。石上叠石，首先是相石，选择造型合意者，而且要使两石相接处接触面大小凹凸合适，尽量贴切严密，不加支填就很稳实为最好。然后选大小厚薄合适的石片填入缝中敲打支填，此法称之谓“打刹”。如此再依次叠下去，每叠一块应及时打刹使之稳实。叠完之后再以灰勾缝，以麻刷蘸调制好的干灰面（以水泥、砖末配以色粉调和而成，如石色）扑于勾缝泥灰之上，使缝与石浑然一体（图 3-14）。

叠石的具体手法，有叠、竖、垫、拼、挑、压、钩、挂、撑、跨及断空诸种，可叠造出石壁、石洞、谷、壑、蹬道、山峰、山池等各种形式（图 3-15）。

3.2.4 置 石

叠石要有很高的艺术修养，叠得不好，俗不可耐，不如置以石少许作点缀为宜。置石的手法分特置、散置和器设三种。

（1）特置　将姿态秀丽、古拙奇特的山石，作单独陈设。特置用的山石可呈孤石独块，也可由两三块山石组成一组石景。特置的山石可设基座，基座可为石制须弥座或石磐，也可以不设基座，将山石的底部埋置土中或水中，大部分露出土（水）面，姿态生动自然。

（2）散置　将山石作零星散点布置。散点布置既要不散漫零乱，也要避免均匀整齐。所谓“攒三聚五”，有散有聚，有疏有密。石姿有卧有立，有大有小，或临岸探水、或浸水半露、或嵌入土内、或立于植物丛中，呈现万千姿态。整体布局虽呈散点状，但相互有联系，彼此有呼应，若断若续，就像天然山体经长期风化后残存的岩石。

（3）器设　山石或仿山石材料制作的庭园小品，丰富环境视觉景观，并具有一定的实用功能。如石屏、石栏、石桌、石凳以及石灯、石钵等（图 3-16）。

3.2.5 石 壁

石壁多与墙体结合嵌理壁岩，“峭壁山者，靠壁理也。借以粉壁为纸，以石为绘也。”有的嵌石于墙内犹如浮雕和壁画。如广州文化公园内的园中院是一座既有乡土气息又异常新颖的茶座庭园，其中主庭内到顶的墙面塑成整片峭壁，壁上满刻民间传说五羊仙携谷穗降临的故事，壁下散石小池，寓意深远。

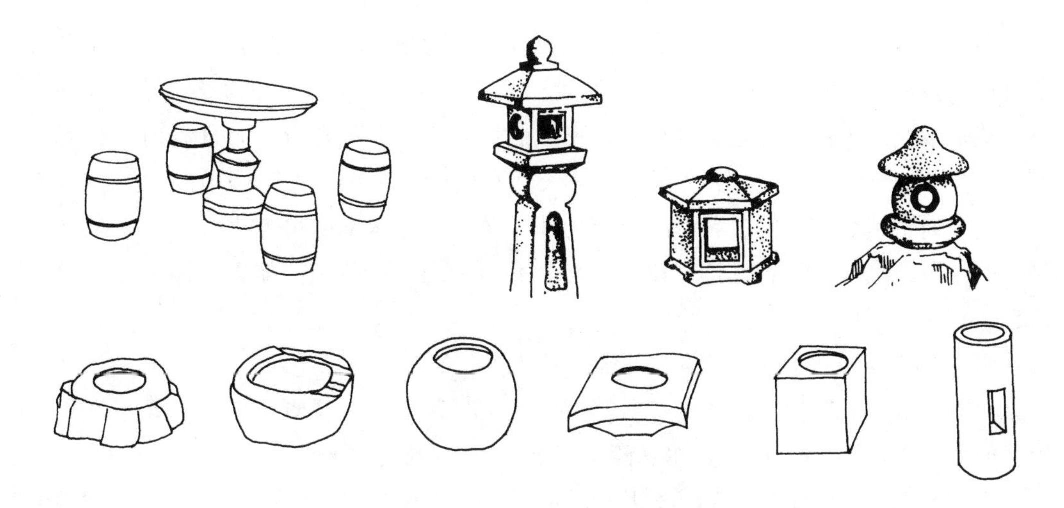

图3-16 石桌、石凳、石灯、石钵

3.3 室内水景

室内绿化也常选择水景作为主题。水景声形并茂、极具魅力；水景可以给人们以清凉和幽静的感觉，水景可以调节室内空间湿度和净化空气；水景的维护与管理相对于室内植物来说，较为灵活方便。

静态水景可创造室内空间的静态美，动态水景可创造室内空间的动态美。水中及水边可栽植水生植物或湿生植物，打破水面的宁静，使景色倍增。

3.3.1 水景类型

3.3.1.1 静态水景

水平如镜、清澈见底的水池或花木、山石、亭台的倒影会使周围的景色倍增。在其中栽植水生植物或养鱼等都会给人们带来回归自然的乐趣（图3-17）。

图3-17 室内静水景

（1）静水池平面的设计　水池平面的设计可分为规则式和自然式两类。规则式水池可以是各种几何图形，如圆形、方形、长方形、多边形或曲线、曲线结合的几何形。自然式是指模仿大自然中的天然水池，平面曲折有变，有聚有分，有进有出，有宽有窄。虽为人造，宛若天开。小庭园中的仿天然水面以聚为主。大庭园中的仿天然水面可适当分隔水域空间，如在水面的最窄处建一小桥贴近水面，可起到分隔空间、丰富层次的作用；也可用步石代桥、块石为岛、叠石为山，这些都会使人更加亲切，别有情趣。

（2）池型

台地式水池　这是较普遍的一种形式。人们居高临下，视野开阔。一般，池壁高出地面约250～450mm，既有存水功能，又可作为人们休息的坐处。

平满式水池　这种池壁与地面相平，使人有近水感。为防止人们不注意跌入水中，往往在池壁外围明显地改变地面铺装或布置花盆等以示提醒。

沉床式水池　池壁低于四周地面、地面与水池之间用台阶相连。这种形式使人有围护感，仰望四周，新鲜有趣。

（3）岸型　与水景有关的组成因素是岸，岸的处理可决定水景的基本特色和作用，使水形成面，岸为水之域，可成多种生动形式，如洲、岛、堤、矶等。洲又称渚，或称洲渚，指一种片式岸型；岛是指突出水面的小丘，属块状岸型；堤为带型岸，多是用以分割庭内空间而增添庭景情趣。矶是指凸出水面的湖石之类，属点状岸型，矶处常暗藏水龙头，自池内溅喷成景。岸边可布以点石，但不宜太多，否则有杂乱感。

（4）池壁、池底　池壁材料同样影响水面景观。常用黄石、湖石、青石、空心砖、瓷砖等砌成，但要与环境相协调。也有作塑桩护壁、自然石护壁的，给人一种自然的野趣（图3-18）。池底应浅一些，用大理石铺底，水清澈见底，引人注目。

(a)　(b)　(c)　(d)　(e)

图3-18　池壁形式

（a）卵石池壁　（b）碎石池壁　（c）石滩石池壁　（d）湖石池壁　（e）灰塑桩池壁

3.3.1.2 流动水景

在室内庭园中的水可以用盘曲迂回的流动形式，仿造自然界溪流景观，使人赏心悦目。设计流动水景时一定要保证水源、河床有一定的倾斜度。小溪的走向要婉转迂回，水位不得超过岸。在水中可布以鹅卵石，以点缀水流使之形成生动活泼的效果。亦可用块石、卵石、沙滩装饰驳岸。溪涧之上可架设石板小桥，缓流之间可设置汀步，使之更为生动。在两边可设置花木成丛、流水潺潺的天然景观。

3.3.1.3 喷涌水景

在室内景园中利用各种喷嘴，喷射不同形态的水流，组成美丽的喷泉图景，同时配以水下彩灯或激光，其景观效果更佳。近年来采用声控喷泉，喷射水柱随乐曲声音的强弱而跳动起落，悦耳动听的水击声与音乐声相互交织，给人以美的享受。喷泉可与艺术雕塑相结合，可塑造生动形象的造型。喷泉按其射流的方式，可分为单射流、集射流、散射流和混合射流四种，有的还可形成球形射流、喇叭形射流（图3-19）。

3.3.1.4 跌落水景

如瀑布、水幕、水帘、流水台阶、壁泉、滴泉等。

（1）瀑布　在室内庭园中常设置人工假山，并同时配以瀑布水景。瀑布的造型各异，以石头的排列组合为重点。瀑布通常的做法是将山石叠高，下面挖池作潭，水自高处向下流泻而形成飞流的态势。瀑布以其形状，可分为瀑面宽度大于落差的水平瀑布和瀑面宽度小于落差的垂直瀑布。

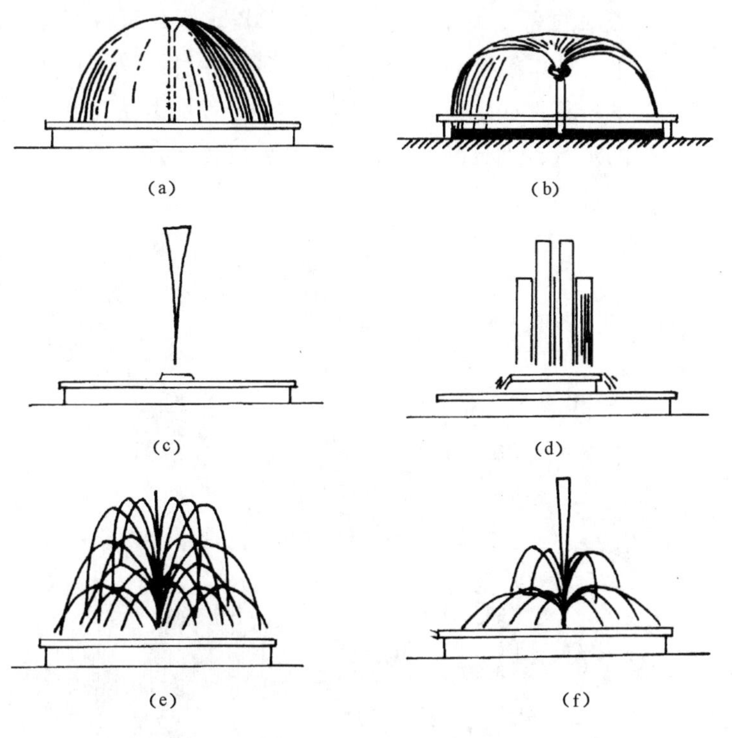

图3-19　喷射方式

(a)球形射流　(b)喇叭形射流　(c)单射流
(d)集射流　(e)散射流　(f)混合射流

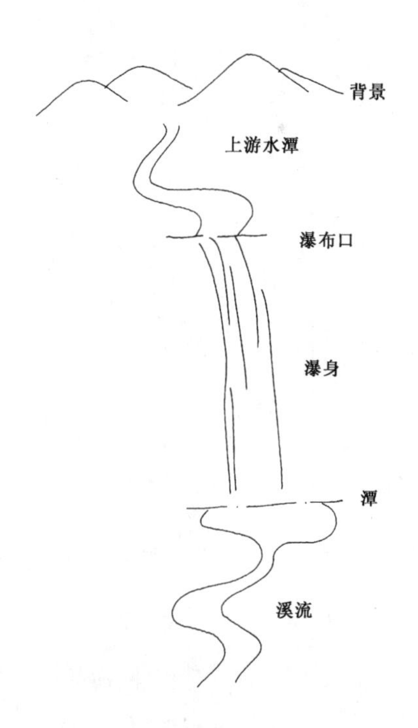

图3-20　自然界的瀑布模式

室内常见的瀑布形式是自由落瀑布。这种瀑布通常模仿自然界的瀑布模式，一般来说，远处有群山作背景，上游有积聚的水源，有瀑布口、瀑身，下面有深水潭及流溪（图3-20）。人工仿造自然基本按这种模式将水引至叠山高处，瀑布口不设于假山之顶，而让左右山石稍高于出水口之水面，水口常以树木或山石加以隐蔽。

瀑身多为垂直瀑布，据经验，瀑面高、宽比以6∶1为佳。瀑布下设池潭，为防止落水时水花四溅，一般认为瀑前池潭宽度宜不小于瀑身高度的2/3。

（2）水幕、水帘　是指一自上而下的连续的片状的水。水幕是指流水沿着墙壁而下，水帘是指流水悬壁离落而下，出水口光滑平整和壁面细腻的纹理，则可以营造出水幕的平滑完整宛如薄纱，优美动人；粗糙的出水口和凹凸的壁面则可产生水花翻滚、气势壮观的效果。水幕落下撞击在坚硬的表面如岩石或混凝土，便会溅扬起水花，同时产生较大的水声。若落下的水接触的是水面，则水花融入水中，声音小而清脆。

图3-21　流水台阶

（3）流水台阶　是指在水的起落高差中添加一些水平面，使流水产生短暂的停留和间隔，跌落而下，比一般瀑布更富层次和变化（图3-21）。

流水台阶可通过调整水的流量、跌落的高度和承水面的宽度而创造出不同情趣的水景效果。如果跌落流水的高度大于出水宽度，流水呈垂直飘带飘然而下；如果跌落高度较小，则呈现出一种水满层层泻下的景象；如水流量大，形成气势雄伟的瀑落声和流溅的水花，别具激情感，扣人心弦（图3-22）。

图3-22　某饭店大厅飞瀑

（4）壁泉、叠泉等　泉一般是指水量较小的滴落、线落的落水景观。由于造泉用水量少，十分普遍，种类也颇多。常见的有壁泉、叠泉、盂泉和雕刻泉。

壁泉　泉水从建筑物壁面隙口湍湍流出称为壁泉。壁面有采用天然石块塑造的岩壁，给人以自然天成的野趣；也有采用光洁的花岗石墙面，给人以技术精致的现代感。

叠泉　泉水分段跌落的形式称为叠泉。人工塑造的岩壁式叠泉多呈奇数，如三叠、五叠、七叠。下层有蓄聚水的泉潭（图3-23）。另外常用的还有造型叠泉如将流泉通过水盘锯齿形的口边，使落水如串珠般分层洒落，非常雅致、动人（图3-24）。

盂泉　用竹筒引出流水，滴入水盂（又称水钵），再从盂中溢入池潭。这种泉景显得格外古朴、自然。“竹露滴清响”，盂泉清幽的滴水声衬托出人们休闲静思空间的空灵与雅静（图3-25）。

图3-23　叠　泉

图3-24　造型叠泉

图3-25　毛竹二级跌落的盂泉

图3-26　雕塑喷泉

雕塑泉　雕塑与喷泉相结合，可以塑造出更加动人的泉景情趣。如世界著名的“第一公民”铜塑形象，成为布鲁塞尔的象征（图 3-26）。还有的像一个翻倒的瓷坛，清水源源不断流到花木丛中，寓意着美丽富饶，财源不断；或塑造成水冲石球造型，寓意着生命在于运动的道理。

3.3.2 现代水景内庭

水景也常常被现代室内中庭设为主景，或平静、流动，或喷涌、跌落；或粗犷激越，或温和纤细，还可作为环境媒体，灵活地将空间诸多要素联系起来，使之成为有机的整体。水景内庭大致有以下几种：

（1）基底型　以水为内庭全景的主体，其他空间及景观要素，穿插配置于水体之中，犹如人工湖泊。如美国佐治亚州桃树广场旅馆七层高的内庭由圆柱结构支撑。柱外围是层层后退的挑台，形成一个上大下小的空间。内庭地面为约 2 000m^2 的人工湖泊，柱间有船形咖啡座、电梯、楼梯、自动扶梯、步行桥穿插水面及其上空。水体的反射和波光产生一种漂浮感：旅客掩映在花木之中。室内“音雕”好似一群飞鸟停在树上歌唱，令人心驰神往（图 3-27）。

（2）贯通型　贯通式一般为带状水体景观，强调顺水寻踪的导引作用。如日本大阪阪急三号地下商业街，以一条贯通的小溪流水，加之板桥和溪内彩色自控喷泉，使地下空间生动流畅。池中布置喷水钟，周围设坐椅供人围坐休息。池的上方，一个 12m 高的装饰性瀑布，由五光十色的 PAR 灯（抛物线形镀铝反射灯）照亮，产生变幻莫测的动人效果，令人流连忘返。

图 3-27　PLaza 威斯汀桃树广场酒店

（3）中心型　以水景为室内景观中心。如广州白天鹅宾馆的门厅、商场、休息厅和各类风味餐厅簇拥着一个多层的水庭空间。四周采用敞廊形式，绕廊遍植垂萝。充分展示了岭南庭园风光，给侨胞们以强烈的亲切感。

（4）围合型　利用水体来限定、围合空间，既保证空间的相对独立性，又能保持视线的连续与开敞。如日本某旅馆内庭，楼梯一侧的瀑布飘然而落，方形的岛式休息座处于四面流水围合之中，水声和着琴声美妙和谐地缭绕着整个空间。

（5）焦点型　作为焦点的水景，往往有吸引人的水姿，或水声、水色俱佳。如某餐厅内庭中心设喷水池，彩色自控喷泉变化多姿、挺拔的室内树环绕四周，成为内庭视觉的焦点。

（6）背景型　水幕常以其悦耳的水声、闪光的水色，组成空间的垂直面，而构成空间的背景。如南京向阳渔港迎宾大厅的红色水幕墙，成为内庭空间的背景。晶莹剔透的水幕与彩色喷泉相辉映，给人们带来舒畅和欢快。

3.4 盆　景

3.4.1 盆景与盆栽的概念

3.4.1.1 盆　景

以树木、山石等为素材，经过艺术处理和精心培养，在盆中再现大自然神貌的艺术品称之为盆景。历史上曾将它称为“盆玩”“盆树”“盆石”等。盆景被人们誉为“盆中有景，景中有画”“无声的诗，立体的画”。是一种源于自然、高于自然、融诗情画意于一体的艺术品，给人以美的享受和艺术熏陶。盆景一般需置于几架上，景、盆、架三位一体。盆景是活的艺术品，具有较高的观赏价值，用以美化居室，装饰宾馆、会堂。

3.4.1.2 盆　栽

盆栽是指观赏植物的全部实施过程及日常技术管理。一切观赏植物均可盆栽，或栽于一般黏土盆中，或栽于特种容器之中。在室内点缀厅堂、几案、阳台、廊亭、台阶等处时，用盆栽较为方便，冬季可搬入温室越冬。

3.4.1.3 盆景与盆栽的关系

二者的相同之处在于均是将植物栽于花盆之中，均需浇水、施肥、换盆等一系列日常管理。不同之处在于盆景要通过修剪、曲枝、雕琢等一系列人工技术，采用缩龙成寸、咫尺千里的手法，将大自然的景象浓缩于盆中，是一种活的艺术品，而盆栽是将自然形态植物或稍加修剪的植物较简单地栽入盆中。盆景要由景、盆、架三者构成，而盆栽主要是观赏植物本身。盆景具有更高的观赏价值，不仅观花、观叶和观果，还要观姿、赏景。

3.4.2 盆景的分类

盆景依据取材和制作的不同，可分为山水盆景和树桩盆景两大类。

3.4.2.1 山水盆景

山水盆景又称山石盆景或水石盆景，有旱景、水景和水旱景之分。旱景是以山石或以培养土栽植树木，盆内缺水。水景是水中置山石，水旱景是二者兼而有之。

山水盆景的制作方法，是将具有“清、奇、古、怪”、姿态优美、色质俱全的石块，经过雕琢、腐蚀、拼接等艺术和技术处理后，置于雅致的盆、盘、座架之上，缀以亭榭、舟桥、人物，并培植小树、苔藓，构成美丽的自然山水景观。几块山石，雕琢得体，使人如见连绵起伏的山峦，可谓“丛山数百里，尽在小盆中”。

山石材料一类是质地坚硬、不吸水分、难长苔藓的硬石，如英石、太湖石、钟乳石、斧劈石、木化石等；另一类是质地较为疏松，易吸收水分，能长苔藓的软石，如鸡骨石、芦管石、浮石、沙积石等。

山水盆景的造型有孤峰式、重叠式、疏密式等。各地山石材料的质、纹、形、色不同，运用的艺术手法和技术方法各异，因而其表现的主题和所具有的风格各有所长。四川的砂积石山水盆景着重表现“峨眉天下秀”“青城天下幽”“三峡天下险”“剑门天下雄”等“天府之国”的奇峰峻岭的壮丽景色。广西的山水盆景着重表现秀丽奇特的桂林山水之美的意境。

在山水盆景中，因取材及表现手法不同，在风格上讲究清、通、险、阔和山石的奇特等特点。

3.4.2.2 树桩盆景

简称桩景，泛指观赏植物根、干、叶、花、果的神态、色泽和风韵的盆景。

一般选取姿态优美，株矮叶小，寿命长，抗性强，易造型的植物。根据其生态特点和艺术要求，通过修剪、整枝、蟠扎和嫁接等技术加工和精心培育，长期控制其生长发育，使其形成独特的艺术造型，形成古老苍劲、风格奇特的姿态，达到“株矮干粗、枝曲根露”等要求，表现出盘根古朴，或疏影横斜、或花果繁茂、或枯木争春等特色。树桩盆景因所用树种不同而分为松柏树桩和以观叶、观花及观果为主的树桩。树桩盆景多以孤植为主，再附加上一些山石、苔藓、小草，以具有天然景色。双植与丛植的树桩盆景着重表现整体美感。

树桩盆景可分为规则式与自然式两类，一般以自然式桩景较为常见，自然式又以树干的姿态分为（图3-28）：

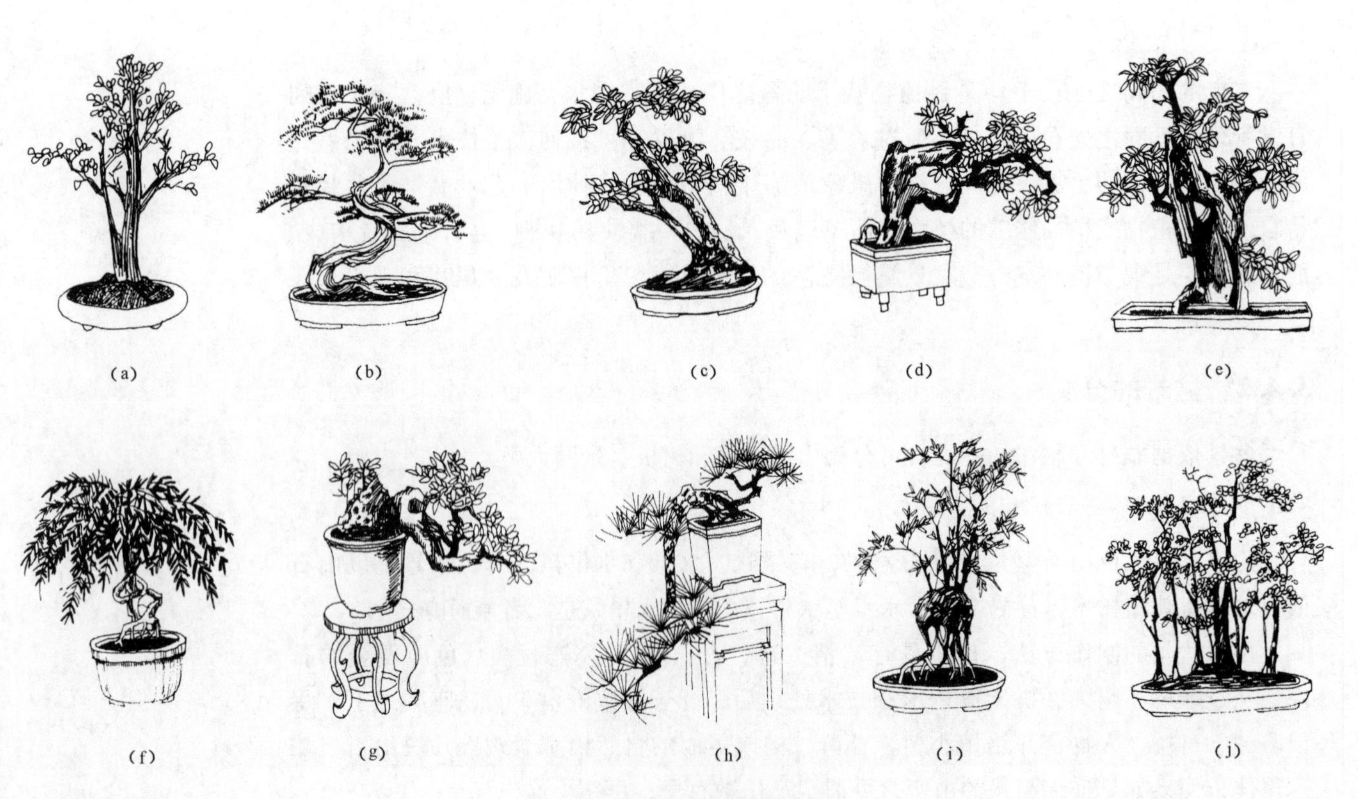

图3-28 自然式桩景类型

(a) 直干式 (b) 蟠曲式 (c) 斜干式 (d) 卧干式 (e) 劈干式 (f) 垂枝式 (g) 小悬崖式 (h) 大悬崖式 (i) 提根式 (j) 丛林式

（1）直干式　主干挺拔直立，枝条分生横出，疏密有致，犹如雄伟大树。常见树种有五针松、金钱松、水杉、榆、榉、罗汉松等。

（2）蟠曲式（曲干式）　枝干蜿蜒屈曲，恰似蛟龙翻飞。常见形式取三曲式，形如“之”字。树叶层次分明，树势分布有序。川派、扬派、苏派盆景常用此形式。常见树种有梅花、黄杨、真柏、紫藤、罗汉松等。

（3）斜干式（临水式）　树干向一侧倾斜，一般略弯曲，枝条平展于盆外，树姿舒展，疏影横斜，飘逸潇洒。主干飘悬不垂，横探盆外，有似溪旁临水而生的树木，则又称之谓临水式。常见树种有五针松、榔榆、雀梅、罗汉松、黄杨等。

（4）卧干式（横枝式）　树干横卧盆面，枝条崛起直展，古朴苍雅，富有野趣。常见树种有雀梅、榆树、朴树、铺地柏等。

（5）劈干式　主干劈成两半，似雷电劈就，半边树桩依然绿叶滴翠，自然古朴。常见树种有梅、石榴、榔榆、银杏等。

（6）垂枝式　枝梢细长下垂，随风飘逸，潇洒轻盈。常见树种有迎春、柽柳、垂枝梅、垂枝碧桃、龙爪槐、枸杞等。

（7）悬崖式　主干向外曲折悬垂，有悬崖古松之态，苍劲雄浑，其茎干悬垂不低于盆底者称为半悬崖或小悬崖，垂过盆底称全悬崖或大悬崖，像是飞兽走壁。常见树种有五针松、铺地柏、黑松、圆柏、黄杨、雀梅、凌霄、葡萄、六月雪、榆等。

（8）提根式（露根式）　粗壮侧根弓曲于盆面，盘根错节，使树显得苍老及有历经沧桑之感。常见树种有银杏、六月雪、黄杨、榕树、榔榆、雀梅等。

（9）丛林式　用同类或不同类的两株以上的多株丛植，其布局模拟自然界中山林景色。常用树种有金钱松、六月雪、五针松、榆树、朴树、圆柏、榉树、红枫等。

（10）附石式（也称攀缘式）　盆树附石而生，有屹立于深山石岭的山林情趣。树桩主干有直干、斜干、曲干和枯干等多种形式。常见树种有三角枫、五针松、黑松、圆柏、榔榆等。

树桩盆景的材料极为丰富，应根据植物生长习性，顺其自然，加以人工之精心制作，方能收到理想效果。

此外，还有兼备树桩、山水盆景之特点的石玩盆景和微型盆景。石玩盆景是选用形状奇特、姿态优美、色质俱佳的天然石块，稍加整理，配以盆、盘、座制成的案头清供。微型盆景又称掌上盆景，可陈设于博古架或摆设于卧室书桌上。近年来发展起来的挂屏盆景、挂壁盆景和镜框式盆景，是富有装饰性的盆景形式。其造型简朴清秀、意境深远，有浮雕感，常用浅口盆、盘、磁板、大理石等作底板，粘上浮雕山石，配植树木花草，点缀人物、建筑，空白处作天涯水际，挂于墙上，别有情趣。

3.4.3 盆景艺术流派

我国幅员辽阔，历史悠久，又是盆景的起源地，形成了很多个盆景流派，各种艺术风格数不胜数。盆景的流派主要以树桩盆景来区分的，目前主要流派有扬州的扬派、苏州的苏派、四川的川派、广东的岭南派、上海的海派和安徽的徽派及江苏南通、如皋地区的通派等（表3-1）。

表 3-1 盆景流派简介

派 别	常用树种	典型造型	枝 法	艺术风格
扬 派	松、柏、榆、黄杨	云片，寸枝三弯	精扎细剪（棕丝蟠扎）	严整壮观
苏 派	雀梅、榆、枫、梅、石榴	圆片，六台三托一顶	粗扎细剪（棕丝蟠扎）	清秀古雅
川 派	六月雪、贴梗海棠、竹、花果类	规则型为主	讲究身法（棕丝蟠扎）	虬曲多姿、曲雅清秀
岭南派	榕、榆、雀梅、九里香、福建茶	大树型、高耸型	蓄枝截干	苍劲自然、飘逸豪放
海 派	五针松、罗汉松、黑松、真柏	微型、自然型	金属丝缠绕	明快流畅、精巧玲珑
徽 派	梅、黄山松、柏、檵木	规则式为主，游龙式	粗扎细剪（棕皮树筋）	奇特古朴
通 派	小叶罗汉松为主	两弯半	以扎为主（棕丝蟠扎）	端庄雄伟

3.4.4 桩景常见树种

我国植物资源丰富，宜作盆景的树种资源很多，凡株矮、叶小、枝细、苍老的树桩都可以作良好的桩景材料。其中大致可分为观叶、观枝干、观花、观果、观根等五类。观叶的要求叶细、常绿或具色彩变化；观枝干的要求枝干疏稀、易弯曲造型、主干下部粗壮、有挺拔感；观花的要求花色艳丽、花期长，能单独观赏；观果的要求适合时令结果，颗粒饱满、比例恰当；观根的要求盘根或露根，盘根错节，能进行附石处理。

（1）常绿树种　五针松、黑松、马尾松、油松、锦松、紫杉、罗汉松、枸骨、虎刺、雀梅、真柏、金橘、刺桂、黄杨、福建茶、常春藤、六月雪、杜鹃花、南天竹、佛肚竹、紫竹、凤尾竹、菲白竹、络石、小叶榕、花柏、翠柏、华山松、铁树等。

（2）落叶树种　榉、榆、鼠李、青枫、红枫、紫薇、枸杞、紫藤、金银花、金钱松、海棠、迎春、石榴、火棘、银杏、卫矛、蜡梅、梅、碧桃、锦鸡儿、山楂、小檗、三角枫、荆条、乌桕、李、胡颓子、地锦、朴树、檵木、鹅耳枥、元宝枫、薄皮木、黄栌、葡萄等。

3.4.5 盆景用盆

用于作盆景的盆种类很多，十分考究。通常有紫砂盆、釉陶盆、瓷盆、凿石盆、云盆、紫砂盘、大理石盘、云盘、水磨石盘等。盆、盘的形状各式各样。陈设盆景的几架也非常考究。红木几架，显示古色古香；斑竹、树根制作的几架轻巧自然。盆、架在盆景艺术中具有重要的作用，因而鉴赏盆景，有“一景二盆三几架”的综合品评之说。

3.4.6 盆景的陈设

陈设盆景通常应考虑盆景的种类、大小、盆几架的搭配、环境背景以及盆景在室内的相对位置、高度，力求协调统一才可收到艺术效果。

在大型公共空间，如宾馆大厅的背景处和建筑墙角处陈设大中型盆景，以打破建筑硬线，显庄重典雅。在小型的室内空间陈设盆景以中小型和微型为宜。中式建筑的室内，盆景一般陈设在厅堂几架、茶几、案头等家具上。窗前、廊沿或室内角落，均可摆放专门陈设盆景的案头、高型花架、盆景架。西式建筑的室内，一般多用小型盆景，陈设在沙发旁的茶几、写字台、橱柜上，也可在墙角或沙发旁放高型花架陈设盆景，以悬崖、半悬崖式盆景为宜。

盆景陈设高度和角度，应注意观赏效果。对于树桩盆景，应根据盆景的造型特点选择陈设方式。悬崖式、提根式、垂枝式盆景适宜仰视，直干式、曲干式、卧干式、劈干式、丛林式盆景适宜平视。

3.5 插 花

插花是指切取植物可供观赏的枝、叶、芽、花、果、根等材料，插入一定的容器中，经过一定的技术和艺术加工，组合成精美的、富有诗情画意的花卉装饰品。

插花以其艳丽鲜明的色彩、丰富的造型、深邃的意境，使室内顿生光辉，是室内植物造景中不可缺少的点缀物。插花既可作庄严肃穆之装点，又可作清淡典雅之修饰，还能给人一种追求美的喜悦和享受。在餐桌上放一瓶插花，便会有较好的进餐情绪，在卧室里放一束鲜花，会令人感到温馨，在工作台上放瓶插花，会使人有说不出的安宁和平静，在客厅摆一瓶漂亮的插花，会倍感欢乐气氛。

插花具有一定的文化特征，体现了一个国家、一个民族、一个地区的文化传统。插花作品所表达的意境要与环境协调，要与主题贴切。

3.5.1 插花艺术的特点

(1) 时间性强　由于花材都不带根，吸收水分和养分受到限制，因植物种类和季节不同，水养时间少则1~2天，多则10天或1个月，可供欣赏时间较短。

(2) 随意性强　选用花材和容器很随意和广泛，档次可高可低，形式多种多样，造型可简可繁，可根据不同场合的需要以及个人心愿，随意创作和表现。

(3) 装饰性强　插花集众花之美而造型，随环境而陈设，艺术感染力强，美化效果显著，具有画龙点睛和立竿见影的效果。

3.5.2 插花艺术的形式

(1) 瓶式插花　以瓶蓄水插花是我国民间最早的插花形式。花瓶以色彩素雅、制作精美的陶瓷花瓶为最佳。

(2) 水盆式插花　即指用浅型水盆插花。由于浅水盆的盆口大，必须用花针固定花枝。

(3) 花篮式插花　选用鲜花、绿叶插满于竹条、柳条或藤制的花篮内。

3.5.3 插花器具

插花器具主要包括剪刀（家用剪刀或枝剪）、花器、花插或花泥等（图3-29）。

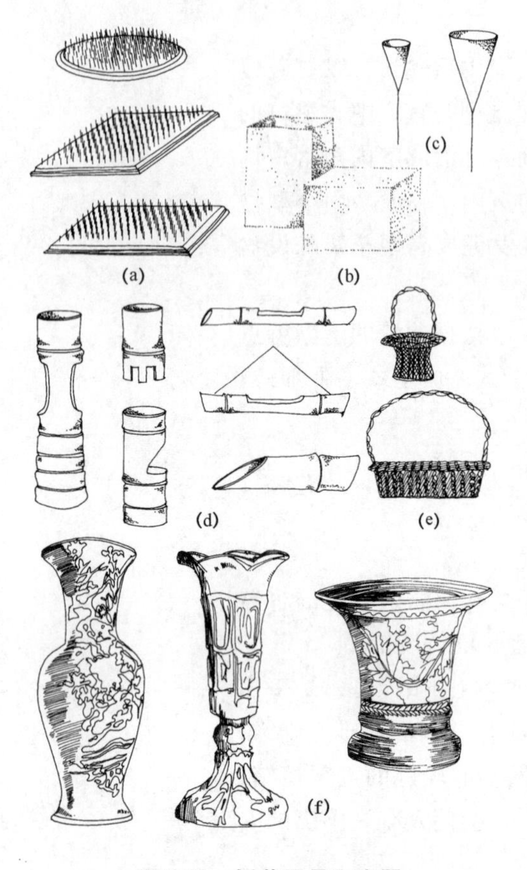

图 3-29 插花用具和容器

(a) 花插 (b) 花泥 (c) 插花筒 (d) 竹制容器 (e) 花篮 (f) 现代插花容器

(1) 花器 供插花用的器皿叫花器。花器在插花中的作用，不仅能够盛放、支撑和保养花材，而且它本身也是插花作品构思、造型的一部分。

花器品种繁多，从制器材料上可分为陶、瓷、玻璃、塑料、景泰蓝、漆器、竹、木、藤等制品。陶瓷花器具有精良的工艺和丰富的色彩，美观实用，是中国传统的花器。玻璃花器颜色鲜艳，晶莹透亮。塑料花器、景泰蓝花器、漆器花器各有其独到之处，可与陶瓷花器相媲美。用竹、木、藤制成的花器，具有朴实无华的乡土气息，而且易于加工，形式简洁。

花器的形状、风格、颜色、质地等都应与花材和周围的环境条件协调统一，如在中国古典式房屋和家具，可选用具中国古典风格的陶瓷容器和仿古容器，会显得高雅，古香古色；在现代化房屋和家具，则可先用塑料、玻璃以及仿金、银容器，再配上艳丽的花材，会显得华贵富丽；深色的家具或背景，宜选用浅色容器，而浅色家具或背景，宜选用深色容器。在任何条件下，忌用鲜艳夺目、雕花挂彩、形状复杂的容器，通常以简洁大方、素雅庄重最为适宜。

(2) 花插 又称针座、插花器、剑山，是一种用以固定和支撑花材的器具，常用于盆和浅盆等宽口浅身容器插花。花插通常是由锡、铅、铜等重金属材料制成的，其基座底部平整、稳重，基座上焊有大量毛刷状细密、尖锐的铜针。

(3) 花泥 又称花泉、吸水海绵，是一种固定和支撑花材的专用特制用具。用酚醛塑料发泡制成，形似长方形砖块，质轻如泡沫塑料，吸水后又重如铅块。

(4) 插花筒 又称签筒、剑筒，是制作大型插花作品时，提高花材高度的一种器具。多由金属或塑料制成。上部是漏斗状的插花筒，下部是细长的签子。使用插花筒，可将较短的花材升高到造型需要的高度。

3.5.4 花材的分类及主要花材

3.5.4.1 花材的分类

根据质地可以分为三类：

(1) 鲜切花 包括鲜切花、鲜切叶和鲜切枝等。构成的插花作品称为鲜花插花。其色彩润泽，艳丽，自然清新，生机盎然，最富有自然美和艺术感染力。是插花艺术发展的主流。但其欣赏期短，一次插作只能欣赏几天，养护较费工，又常受季节限制。

(2) 干花 是指将具有艺术形态的植物体，通过特殊处理使之干燥，经过漂白、染色和组装等工艺而制成的产品。干花材料主要来源于草花和资源丰富的野生植物，如狗尾草、地肤、蕨类植物、瓜子黄杨、柳枝、桑树枝等。

干花取自自然，具有自然的美态，同时经过人为的加工，具有装饰的效果。特别是经过漂白后，可根据设计需要进行重新染色加工。干花构成的作品，别具一格，使人赏心悦目，可放置1~2年，无需更换和多加管理。

干花带着大自然的气息和凝固的美丽，给现代生活和家庭平添自然魅力，带来缕缕诗情画意和一片温馨与浪漫。干花在西方国家具有相当的历史渊源，在室内装饰中极富艺术魅力，并十分流行。在东方，也逐渐成为室内摆设的新宠。

(3) 人造花材　是人工仿照自然界的各种花卉制成的各类假花。有塑料花、绢花、尼龙花等。经久耐用，管理省工。人造花水平高低，主要表现在仿真程度和色彩的染制水平。高水平的人造花，可以以假乱真，甚至有花香。人造花可以与鲜花混用制作，也可以布置在鲜花不宜陈设的室内场合。

根据外部形态可分为四类：

(1) 线型花材　外形呈长条状，或挺直峭立，如唐菖蒲、蛇鞭菊、竹、银芽柳等；或拱曲斜伸，如连翘、迎春等。线型花材在插花构图中常起骨架作用，构成插花的基本轮廓。

(2) 面型花材　外形呈圆状、块状。如菊花、月季、香石竹、非洲菊、鸡冠花、大丽花、大花葱、百子莲等。是构图中的主要花材，以形成造型丰满的各种花形。也常插于作品的视觉中心部位。

(3) 散型花材　外形疏松轻盈，细小，若繁星点点。如补血草类、霞草类、珍珠梅等。常插于主要花材的上部或空隙处，起烘托、渲染、填充作用。有如覆盖一层轻纱、迷雾，若隐若现，增加作品的层次感、朦胧感。

(4) 异型花材　花形不规整，外形奇特别致，有人称之特殊花材。如火鸟蕉、鹤望兰、花烛、兜兰等，均为极美丽的高档花材，在作品构图中常置于视觉中心部位。

3.5.4.2 主要鲜切花

鲜切花是插花作品的主体成分，是作品的色彩来源，常作为焦点花应用。

(1) 菊花　属面型花材，菊花切花可全年供应，在国际上是生产、销售量最大的切花花卉之一。菊花与月季、香石竹、唐菖蒲并称为世界四大切花花卉。它是秋天代表性季相花卉，还具有高雅、长寿的寓意。

(2) 月季　属面型花材。四季开花，在艺术插花中广泛应用。切花品种繁多，色彩艳丽，花形饱满润泽，质地如丝绒一般，是风行世界的著名切花花卉。月季象征爱情，红月季是情人节（2月14日）的专用切花。

(3) 香石竹　别名康乃馨，属面型花材。是世界上最著名的切花花卉之一。花茎挺直，花形规整大方，花色变化丰富，极其艳丽，还有诱人的香气。是母亲节的专用切花，也是应用极广的大众化切花。

(4) 郁金香　属面型花材。花茎挺立，花大呈杯状，花色丰富，有多种花型，春天开花。广泛应用于插花艺术。

(5) 马蹄莲　属面型花材。除炎夏外，可全年供花。花茎粗壮挺拔。佛焰苞白色，形若马蹄。叶片箭形，翠绿。花茎、叶片皆可用于插花。另有佛焰苞呈黄色、红色、粉色品种，用于插花，更为热烈。

(6) 百合类　属面型花材。多种百合可用于插花。现代百合类切花中主要有两个园艺品种群：

朝天百合品种群　花朵生于茎顶，向上开放。花色纯白、淡黄至深黄、橙、橙红至火红。是生产最多的百合切花品种群，可全年供花。

麝香百合品种群　花朵侧开，花呈喇叭状，花大，洁白，有香气。切花可全年上市。百合象征纯洁、幸福，常用于中国传统插花。

（7）唐菖蒲　是世界四大切花中唯一属于线型花材的切花花卉。其花茎挺直、粗壮。小花呈漏斗状，12~24朵组成穗状的大花序（蝎尾状聚伞花序）。花色变化极为丰富，有单色、复色和带斑点、带彩色边缘和带条纹的品种。小花花瓣有平瓣、波状瓣和皱瓣之分。其插花水养期较长。在插花艺术中，常作为骨干枝，组成造型轮廓。

（8）银芽柳　属线型花材。原产我国。冬春供应市场。枝条修长，其雄株花枝紫红色芽鳞内包有密生银白色绢毛的雄花序，光艳洁白，十分醒目。常用于表现春天题材。

（9）霞草　又称为满天星，属散型花材。可全年供应切花。霞草枝叶纤细，分枝多，小花如繁星密布，其小花重瓣品种尤其受到欢迎。是花篮、花束、钵花、桌饰及艺术插花的重要陪衬花材。多与月季、菊花、唐菖蒲等配用。又是制作干花的理想花材。

（10）补血草类　包括勿忘我和情人草。属散型花材。全年供花。补血草类花茎多分枝，着生圆锥花序，布满密若繁星的小花，呈膜质，有白色、粉色、淡黄色和紫色等。花经久不凋，也是制作干花的上好材料。在插花作品中起烘托和陪衬作用。

（11）鹤望兰　属异型花材。花形奇特，酷似仙鹤远眺，全年供花。其叶革质，具长柄，亦为插花常用叶材。鹤望兰花序别致，色彩浓艳，是自由幸福的象征，是一种高档的切花。在插花作品中常用作骨干枝，或点饰于视觉中心处。

（12）蝴蝶兰　属异型花材。花茎长，拱曲长伸，花形如蝶，色彩丰富，为切花中的珍品。

（13）兜兰　属异型花材。为园艺杂交种。花形奇特，其唇瓣呈囊状，花朵硕大，色彩、斑纹各异，十分别致而富丽，为珍贵的高档切花。可布置于大型插花作品的基部或视觉中心部位。

（14）卡特兰　属异型花材。花形特异，色彩纷呈，花朵硕大。为珍贵的切花花卉。常插于插花作品的视觉中心部位。

（15）花烛、红鹤芋　属异型花材。佛焰苞阔大，表面不平整，艳红色，光亮如漆。肉穗花序圆柱状，黄色。还有白色和粉色佛焰苞品种。是插作高档大型插花作品常用花材。

还可以根据插花的目的和用途，选择一些特殊花材来反映四季变化，营造亲切感和清新感。如春天万物复苏，百花竞放，可选各种嫩绿幼芽、幼叶以及盛开的花朵，展现勃勃生机和力量（如八仙花、丁香、连翘、榆叶梅等）；盛夏炎热，清水、绿叶、浓荫最有凉意，可以多选用浅色花朵、绿叶及水生植物（睡莲、荷花、菖蒲）制作插花，会产生宁静、清凉气氛；秋天是收获季节，可选用一些累累红果、斑斓多彩的秋叶和傲霜的秋菊，呈现金秋景象。

3.5.5 插花艺术的风格

（1）西洋式插花　是指欧美一些国家通常流行的一般插花方式，也称密集型插花。

其特点是构图比较规整对称，色彩艳丽浓厚。花材种类多，用量大，表现出热情奔放、雍荣华贵、端庄大方的风格。西洋式插花主要分传统式插花和现代式插花两种。

传统式插花，以欧洲为代表，其特点是色彩浓烈，用大量不同颜色和不同质感的花组合而成，以几何图形构图，讲究对称的平衡；现代式插花，把东方式和传统的西方式结合起来设计，插出的作品更能表现出色彩及花朵的美感，也可以称为综合式插花。

(2) 东方式插花　有时也称为线条式插花，以我国和日本为代表。选用花材简练，以姿和质取胜，善于利用花材的自然美和所表达的内容美，即意境美，并注重季节的感受。造型除日式插花外，无风格化，不拘泥于一定的格式，形式多样化。

(3) 综合式插花　即吸收东西方插花之特点加以提炼，选材构思造型更加广泛自由，强调装饰性，更具时代性和生命力。主要形式有三角形、倒T形、S形、L形、竖直形、水平形等。花量相对较少，能够烘托气氛，在室内装饰中广泛应用。

3.5.6 插花艺术的基本构图形式

(1) 依外形轮廓区分　可分为对称式和不对称式两种（图3-30）。

对称式构图　对称式构图的外形轮廓整齐而对称，插成各种规则的几何图形。如半圆形、塔形、竖直形、扇面形、水平形、锥形、倒T形、心形等。此类图形，要求花材多、花形整齐、大小适中、结构紧凑丰满，表现出华丽、端庄、典雅的风格，烘托出热烈奔放和喜悦欢庆气氛。

(a)　(b)

图3-30　插花的基本形式

(a) 对称式　(b) 不对称式

不对称式构图　不对称式构图的外形轮廓不规则、不对称、随意性强。如L形、S形、月牙形、弧线形、各种曲线和各种不等边三角形等。插此类图形，用花材量相对较少，选用花材面广，花形不求整齐，但体态不宜过粗过大；构图可以高低错落，疏密自然，具有秀丽别致、生动活泼风格，再现植物的线条美、色彩美和姿态美。

(2) 依花材（三大主枝）在花器中的位置和姿态　分为直立式、水平式、倾斜式和下垂式四种类型（图3-31）。

直立式　主要花枝直立向上插入容器之中，突出表现其刚健挺拔或亭亭玉立的优美姿态，具有端庄稳重，奋发向上的气质。多选用线状直立性花材，如唐菖蒲、水葱以及具有长花梗的鹤望兰、马蹄莲等。

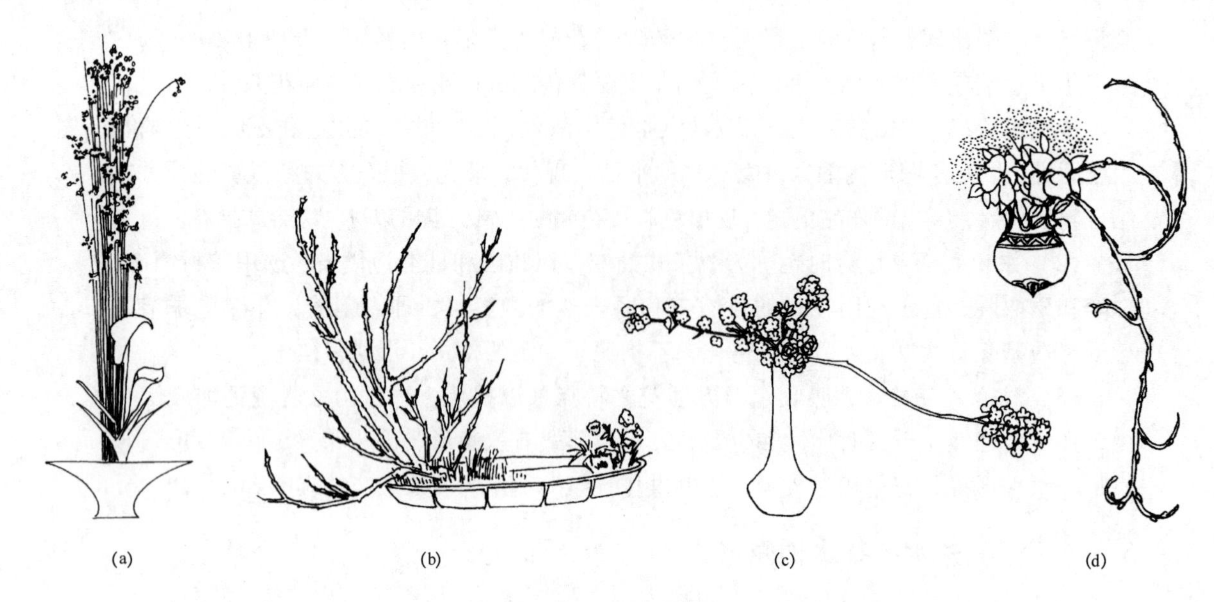

图 3-31 插花的基本形式

（a）直立式 （b）水平式 （c）倾斜式 （d）下垂式

水平式 主要花枝在花器中向两侧横向平伸或横向微倾插入。

倾斜式 主要花枝向外倾斜插入花器中，表现一种动态的美感。宜选用线状花材并具自然弯曲，倾斜生长的枝条。如杜鹃、山茶、梅花等许多木本花枝。

下垂式 主要花枝向下悬垂插入花器中，犹如悬崖峭壁或瀑布一泻千里之势，也似轻纱飘柔，柳丝摇曳，具有柔媚优雅之趣。许多具有细柔枝条及蔓性、半蔓性植物，都宜用此结构构图，如柳枝、连翘、迎春、绣线菊、常春藤等。

构图形式通常根据应用的目的、场所、花材情况以及个人的观赏习惯来考虑。一般在一些庆典活动和迎宾、宴请宾朋等社交礼仪中，多选用对称式构图中的各种图形，并适合摆放在会场主席台上，会议室、客厅以及宾馆、饭店的公共活动场所。家庭中逢年过节时，摆上这类图形插花，也会增添喜庆气氛。

展览会、办公室以及书房、卧室或病房等场所，都宜选不对称式构图形式，显得比较轻松活泼，富有生活气息。其中直立式、倾斜式的平视效果最好，应摆放在像写字台之类的台面上；水平式宜俯视或平视，最好摆放在视线以下的台面上，如茶几等处，下垂式的仰视观赏效果最佳，宜摆放在书柜、衣柜和高几架上。

3.5.7 插花艺术的构图原则

（1）多样与统一 处理好插花作品各组成部分之间在质地、形态、色彩和体量等方面的一致性与相异点，力求在统一中求变化，在变化中求统一。忌松散无序、呆板平淡。构图造型应丰富、简洁、活泼。

（2）协调与对比 处理好协调与对比的关系，便能使插花各部分之间取得有机而完整的联系与呼应，获得整体的美感。

插花艺术中，协调与对比的关系，还表现在花材与花器之间、花材与花材之间、花材与衬叶之间等诸多方面，在形体上、质地上、色彩上、风格上的协调与对比关系。如一件粗犷古朴的陶罐，插上花梗粗壮、花朵浓厚的菊花、马蹄莲或鹤望兰，会比插上轻飘细柔的虞美人、东方罂粟或香豌豆在质地上、风格上更加协调。如马蹄莲的花朵衬上自身的叶或鹤望兰的叶，就很有协调感，因为它们具有相近的形态和质地。又如一件五彩缤纷的大花篮摆在书房中，就显得过于艳丽和繁闹，不如摆放在客厅中与环境气氛更为协调。

(3) 动势与均衡　是指插花造型中各部分之间相互平衡的关系和整个作品形象的稳定性。动势是指插花艺术中各种花材的姿态表现和造型的动态感。

无论什么样的构图形式，都必须在整体形象上给人以一种安定感。有些插花造型的整体形象往往产生头重脚轻、头小脚大，或缩脖、或向前倾倒、或向旁歪倒等现象，使人看后就觉得不稳定、不舒服。问题出在构图时没有处理好各部分的平衡关系和整体形象的稳定性。

均衡有对称式和不对称式两种。对称式均衡是指在对称轴两边的力或量、或形、或距离都完全相等或相同，给人以一种庄重高贵的感觉。

不对称式均衡是指处在中心轴线两边的力、形、量、距等在形式上不相同、不相等，但在心理上和视觉上的感觉都是“相等相同”的。插花中常利用花材组合的高低、远近、疏密、虚实以及花色的深浅等方法，取得不对称均衡的效果，使整个造型显得生动活泼、灵活多变，更富有自然情趣，具有丰富多彩的动势。

(4) 韵律与节奏　插花构图中各种花材的组合与变化，如花材的高低错落、前后穿插、左右呼应、疏密有致以及色块的分割等，也像音乐一样有规律、有组织地安排。

3.5.8 插花艺术的立意

(1) 根据植物象征立意　借花寓意、借花传情，即所谓的“花语”。如玫瑰象征爱情、两支红掌（花烛）代表心心相印、枫叶表示秋天等。在插花艺术的陈设中通过花语烘托环境，也要注意某些花的忌讳风俗。如病房忌用剑兰（见难），开业忌用茉莉（没利）等，要加以留意。

(2) 巧用植物的季节变化立意　依据四季景观的变化，利用应时的花材来表达。如利用柳条、水仙、桃花、牡丹、迎春等春季开花、发芽的植物相互配置以表现“春”的主题。

(3) 巧借容器和配件立意　如粗竹寓意正气，船形象征一帆风顺，蒲扇让人凉爽等。

(4) 利用造型立意　插花的整体形象有时类似或相似某物，有时是逼真的，有时是似像非像令人想象的。

3.5.9 插花养护

良好的养护有利于保持花材新鲜，延长花材的寿命。

(1) 保证室内空气湿度　夏季每隔 1~2 天，秋冬季每隔 2~3 天，要在花材上喷水，并更换容器中的水。换水时，将花枝基部剪去 2~3cm，重新更换切口，有利于花材吸水。

(2) 水质清洁　水深要浸没切口以上，水面与空气要有最大的接触面，有利于花材呼吸，减少细菌的感染。

（3）清新明亮的室内环境　必须保持室内空气新鲜、流通，不宜有烟味。忌将插花摆放在直射的阳光下，或冬天靠近热源处。

复习思考题

1. 室内观赏植物常见类型有哪些？室内树概念是什么？
2. 什么叫室内观叶植物？
3. 室内观赏植物的基本形状和大小类型有哪些？
4. 目前习惯沿用的主要品石有哪些？
5. 太湖石的选择标准是什么？
6. 室内置石的手法分哪三种？
7. 室内水景类型有哪些？
8. 盆景与盆栽的概念是什么？树桩盆景的概念是什么？
9. 盆景依据取材和制作的不同，可分为哪两大类？
10. 自然式树桩景一般以树干的姿态可分为哪几大类？
11. 插花的基本构图形式是什么？对称式构图常见类型有哪些？不对称式构图常见类型有哪些？

4 室内绿化的栽培容器和基质

【本章重点】 栽培容器类型；移动式栽培容器主要类别；套盆的概念；根护的概念；室内种植土壤及特点。

4.1 栽培容器

室内观赏植物的栽培容器形式多样，主要分为可移动式与固定式两种。其中可移动式分为花盆、花钵、花箱、吊篮等；固定式为固定花坛、花槽、花池、镶嵌式种植穴等。一般情况下，大多数容器暴露在外，因此应用时考虑其美观与种植功能相结合。

4.1.1 栽培容器的基本功能

（1）满足植物生长需要的功能　如果是直接种植的容器，必须考虑有足够空间供根部生长；如果是装饰用的套盆，就必须便于放进生长盆。容器的大小应与栽植植物相称。一般地，圆形和竖向形树冠的植物适合于高宽比大致相同的容器，横向树冠的植物适合于宽大于高的容器，而蔓生性植物和花卉适合于浅盆类的容器。所以，设计者要熟悉植物的形状、高度以及生长习性等特点，来选择和设计相应的种植容器。

（2）满足装饰的功能　因为花池、花盆等种植容器本身就是室内陈设，并与所植植物构成一个完整的艺术品，其比例、式样、颜色和质感既要与所植植物相匹配，又要满足装饰内部空间的需要。要与室内空间的地面、台几等周围的装饰、陈设相协调。如果是成组布置时，还要考虑这些容器本身之间的协调关系。此外，容器的选择还必须考虑其排水问题，在小空间内，可简单地加上一个无孔托盘或垫盆在生长盆底部即可；对于一些大型公共空间，种植器的排水必须经专门设计，如采用地灌系统。

4.1.2 固定式栽培容器

主要为砖、石、混凝土花池，这类容器常做成固定式，成为室内永久设施。设计中往往与建筑构件结合考虑，如平台、台阶、墙、柱等，也常与水体、休息座、雕塑等组合布置。如从地平关系看，可以分为两类，一类是高于地平，这种类型往往占据地面很大空间；另一类则在地平处植入适应室内环境的树木，并安置承重用的地箅子，腾出室内空间。

4.1.3 移动式栽培容器

移动式栽培容器在室内布置形式主要是普通的盆栽，陈设在地面或桌几上，依质地可分为瓦盆、釉盆、塑料盆、木盆、金属花盆、玻璃器皿等（图 4-1）。

（1）瓦盆　又称素烧盆，利用黏土在 800～900℃ 高温下烧制而成，有红盆和灰盆两种，质地粗糙，易碎和难以清洁，但排水良好，透气性强，适于植物生长，又因价格低廉，是一种使用最广泛的栽培容器。通常均为圆形，其大小规格不一，盆口直径小的 6cm，大的 30cm，最大的不超过 50cm。一般盆口直径在 30cm 以上时，容易破碎。

常用盆又称标准盆，其直径与盆高相等，如 6cm 的标准盆，是指上部盆口直径 6cm 和盆高 6cm。素烧盆边缘有时加厚，成一明显的盆边，盆底都有排水孔，以排除多余的水分。

使用新瓦盆时应注意冬季瓦盆不宜放在露地贮存，因为它们具有多孔性而易吸收外界水分，致使在低温下结冰、融化交替进行，造成瓦盆破碎。新瓦盆使用前，必须先经水浸泡，否则，每一个新的栽植盆，都可能从栽培基质中吸收很多的水分，而导致植物缺水，生长受到损害。

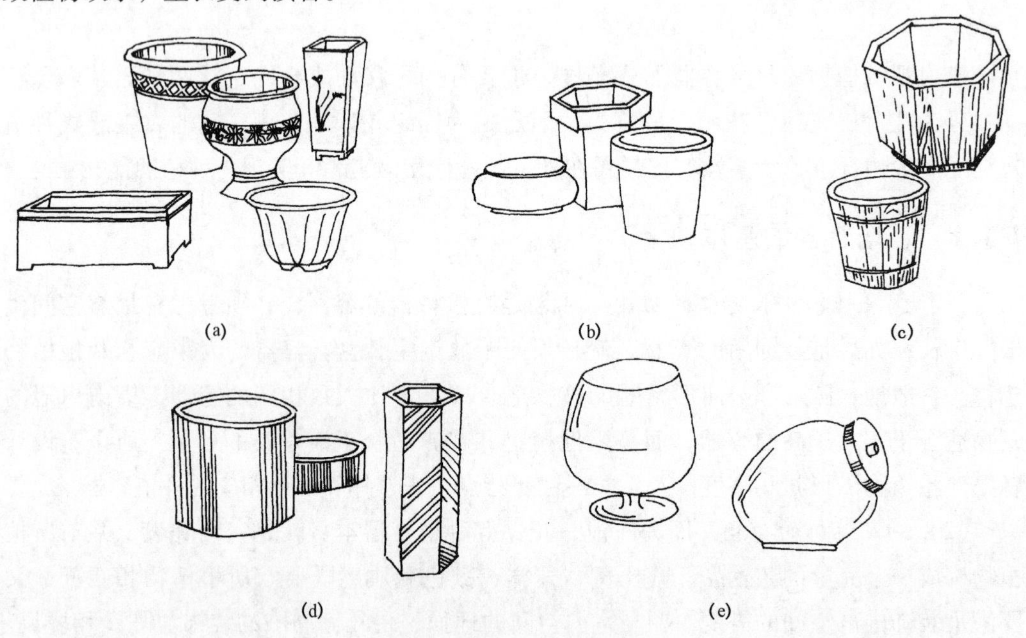

图 4-1　移动式种植容器

（a）釉盆　（b）塑料盆　（c）木制盆　（d）金属盆　（e）玻璃器皿

（2）釉盆　又称陶瓷盆，有圆形、方形、菱形等多种形状，尺寸上差异也很大，常刻有各种彩色图案，装饰性强，用于各类厅堂内部，高雅优美，对传统空间和现代空间均适宜。因上釉后，水分、空气流通不畅，不太适宜直接栽培植物，宜作盆套。

（3）塑料盆　以聚氯乙烯按一定模型制成。花卉生产上多使用硬塑料，这类盆可以根据需要进行设计，造型上灵活多变，可圆可方、可高可矮。盆的颜色多样，可仿造出各种质感，与观叶植物相配，可以衬托出清翠的叶色，且盆内外光洁、轻巧，洗涤方便，不易破碎，适宜远途运输，又可较长期、多次使用，换盆省工，故近年来生产、市场居多，更适合家庭作装饰用。

因制作材料结构较紧密，盆壁孔隙很少，壁面不容易吸收或蒸发水分，所以排水、通气性能比瓦盆差（图4-2）。因此，植物生长在塑料盆里，必须要很细心地浇水。如植物根系要求氧气较高，可在栽植前先填入通气性、排水性良好的多孔隙的栽培基质，或换成瓦盆。

（4）木制盆　当需要用40cm以上口径的盆时，即可采用木盆。一般选用材质坚硬、不易腐烂、厚度为0.5～1.5 cm的木板制作而成，其形状有圆形、方形。为了便于换盆时倒出盆内土团，应将木盆做成上大下小的形状。盆底需设排水孔，以便排水。盆两侧应设把手，盆下应有短脚或垫砖石或木块，以免盆底直接放置地上易于腐烂。木盆外部可刷上有色油漆，既可防腐，又可增加美感。这类木盆，宜栽植大型的观叶植物，如橡皮树、棕榈等，放置于会场、厅堂，极为醒目。

（5）金属盆　多为铝质、银质，轮廓简洁，有光泽，一般适用于有现代化感的室内空间。

（6）玻璃器皿　利用玻璃制作的器皿，可以制作瓶景或水培观根。器皿的形状、大小多种多样，常用的有玻璃鱼缸、大型的玻璃瓶、碗形的玻璃器皿。

制作瓶景，是指将一些生长缓慢的小型草本观叶植物培植于密闭的透明玻璃容器内，用于室内观赏，这是从所谓“华德箱”发展起来的（图4-3）。只要密闭的透明容器蕴藏着湿气，来自营养土以及植物叶子蒸腾作用的水分就会凝结，流回土中。如此不断循环，形成一种自给自足的环境。水分的凝结作用会使玻璃模糊不清，因此需要适当通气。

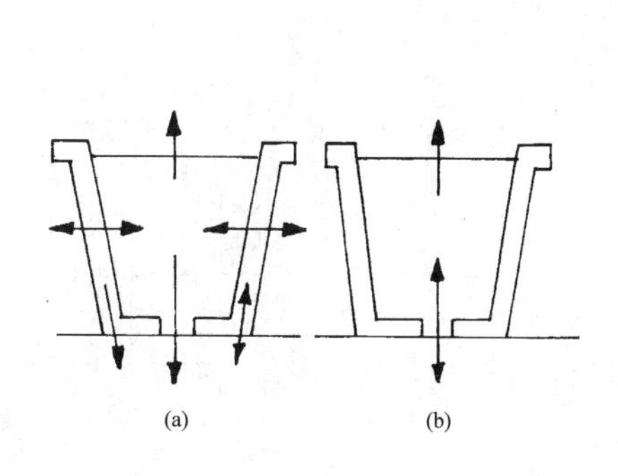

图4-2　瓦盆与塑料盆水分移动情况

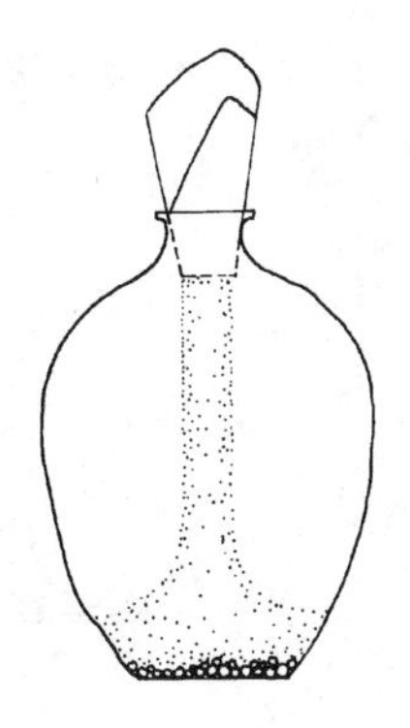
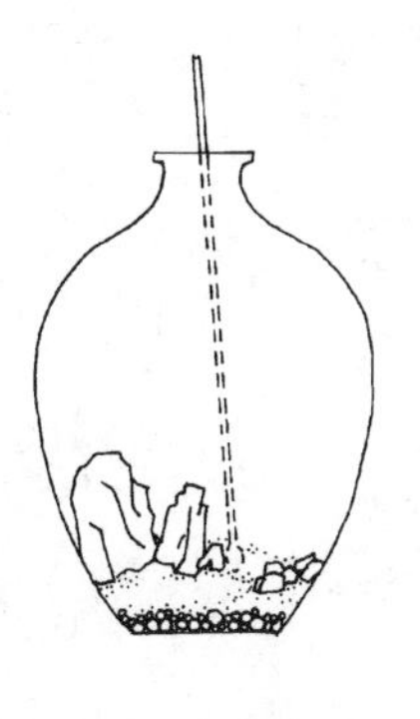

图4-3　瓶景制作

4.1.4 特殊形式

移动式盆栽除了一般陈设，同时还具有一些特殊的布置形式，如吊盆、壁挂、花架、活壁画、绿柱绿屏、盆套等。

(1) 吊盆 利用麻绳、尼龙绳、金属链等将花盆或容器悬挂起来，作为室内装饰，有空中花园的特殊美感。适合于作吊盆的容器有质地轻、不易破碎、既美观又安全的塑料花盆；或质朴的木制、藤制的吊篮；或具光泽的金属吊盆；或陶瓷装饰盆等（图4-4）。适宜栽种于吊盆中的有常春藤、绿萝、鸭跖草、吊兰、天门冬、蕨类等蔓性观叶植物。

(2) 壁挂容器 是指把容器扩大到墙壁上。常见形式有：①以博古架形式贴壁安装，其间摆设各种中小型观叶植物，如绿萝、鸭跖草、吊兰、常春藤、蕨类等；②事先在墙壁上设计某种形状的空穴，装饰瓶插或中小型观叶植物，亦别有一番情趣。

(3) 花架 用以摆放或悬挂观叶植物的装饰小品，称为花架。它可以任意搬动、变换位置，使室内更富新奇感，其样式和制作的材料多种多样（图4-5）。

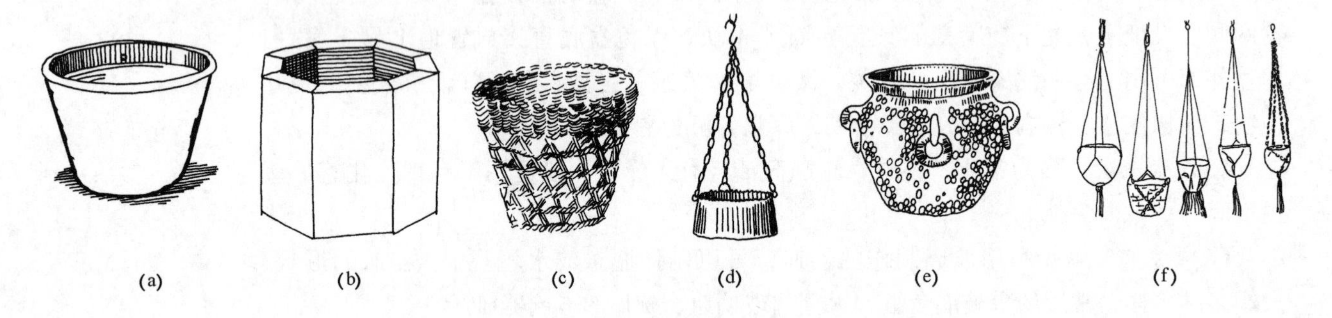

图4-4 吊 盆

(a) 塑料盆 (b) 木质套盆 (c) 藤制套盆 (d) 金属装饰盆
(e) 陶瓷装饰盆 (f) 各种悬绳

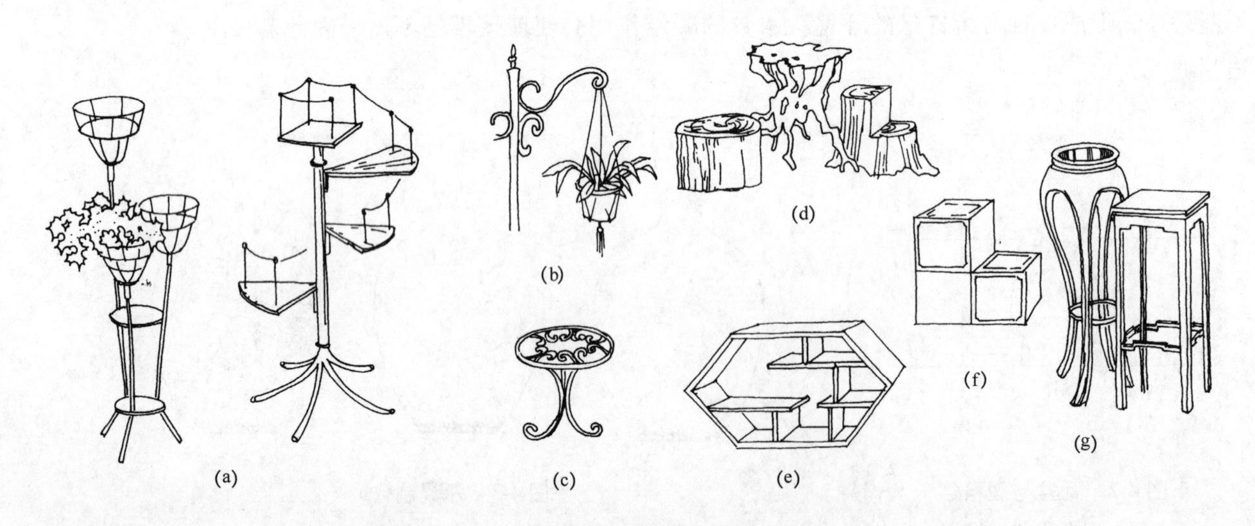

图4-5 花 架

(a) 金属花架 (b) 吊架 (c) 盆架 (d) 圆木、枯木及树根花架
(e) 挂壁式花架 (f) 积木式花架 (g) 传统木制花架

（4）*活壁画* 将一些附生性花卉，栽培在特制的器皿中，形成一幅有生命的富于立体感的如画一般的墙画花卉艺术品。将它挂在墙上，凭其花繁叶茂，增添室内自然野趣。

（5）*绿柱绿屏* 用各种颜色的绿萝制作成的绿柱、绿屏，在花卉市场中非常抢手。一些宾馆酒店还把这些植物做成绿色帷幕。

4.2 套盆与根护

4.2.1 套 盆

套盆是指容器外附加的器皿（图4-6），用以遮蔽原来观叶植物容器的不雅之部分，达到更佳的观赏效果，使观叶植物更加生色，情趣盎然，相得益彰。套盆的形状、色彩、大小和种类繁多，风格也各异。可根据室内环境风格，选择不同品质和形态的套盆。如圆桶形金属（银质或铝质）套盆宜用于豪华的环境，华丽古典的石质花缸宜摆在传统的宽大客厅，而一些陶瓷、木质等简单的花盆则适合现代室内空间。竹木、藤条、陶瓷更适合于自然氛围比较浓郁的环境中。套盆的形状也可以根据空间环境进行个性化设计。

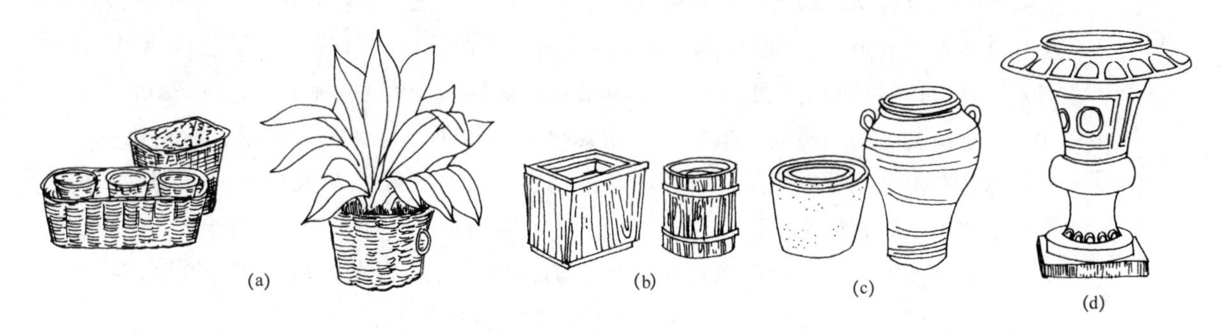

图4-6 套 盆

（a）藤编套盆 （b）木套盆 （c）瓷套盆 （d）大理石套盆

4.2.2 根 护

根护是指种植容器内基质上层的护根材料。根护虽然对植物生长没有多大作用，但它起着很重要的装饰性和净化环境的效果，并要求与室内环境相协调。特别是对于大型室内种植容器内裸土，均暴露在人们的视线之下，尤需加以掩饰。根护大多用木屑、树皮、砾石、鹅卵石、花岗岩或大理石碎块等，也可染色成与周围色彩相协调。还可在枝下高［枝下高是指植物第一次分枝或出叶（棕榈类）离地面的高度］明显的种植容器裸土上铺设苔藓或种植一些草花或藤蔓类，用以丰富观赏层次，增添自然气息。

4.3 土壤与室内植物

土壤是植物的主要生长基质。土壤提供了植物根系生长的环境和植物生长发育需要的水分、养分和根呼吸的氧气，所以土壤的理化性质及肥力状况对植物具有较大的影响。

4.3.1 土壤性状

土壤性状主要由土壤矿物质、土壤有机质、土壤温度、水分及土壤微生物、土壤酸碱度等因素所决定。衡量一种土壤的好坏，必须将上述因素进行综合分析。根据土壤矿物质含量不同，颗粒大小不同，将土壤分为砂土类、黏土类及壤土类三种。大多数室内植物理想的土壤是“疏松、有机质丰富，保水、保肥力强，有团粒结构的壤土”。在土壤学上，我国土壤酸碱度有五级：pH 值 <5 为强酸性；pH 值 5~6.5 为酸性；pH 值 6.5~7.5 为中性；pH 值 7.5~8.5 为碱性；pH 值 >8.5 为强碱性。

4.3.2 植物的生态类型

由于植物是长期在某土壤类型上生长的，从而对该土壤产生了一定的适应性，形成了各种以土壤为主导因素的植物生态类型，对室内植物影响最大的是适应不同酸碱度土壤而形成的酸性土、中性土和碱性土植物。

大部分观叶植物在 pH 值 6.0~7.0 的微酸性培养土中生长发育最适宜。因为植物所需要的养分在这样的培养土中有效性最高，有利于花卉吸收利用。如一叶兰、兰花、花叶万年青、花叶芋、变叶木、竹芋、苏铁、巴西铁、五针松、君子兰等观叶植物，需采用以松针沤制的腐叶土或酸性的褐泥炭土栽培，或施用些硫黄粉、硫酸亚铁等。

由于植物生活型不同，植物对土壤深度要求也不一样。一般来说，灌木比草本花卉要深。乔木又比灌木要深，但在木本植物中，又有深根系与浅根系的区别。深根系指的是裸子植物和被子植物中大多数双子叶植物的根系，如橡胶树、塔柏、白兰花等，要求的土壤要深一些。浅根系植物最典型的是单子叶须根系植物，如棕榈类，其生长要求的土壤厚度要浅得多。室内植物土层深度要求可参考表 4-1。

表 4-1 室内植物土层厚度要求参考表

类 别	单 位	地 被	花卉小灌木	大灌木	浅根乔木	深根乔木
植物生存种植土最小厚度	cm	15	30	45	60	90~120
排水层厚度	cm	—	10	15	20	30
平均荷载（按$\frac{1\,000\text{kg}}{\text{m}^2}$计）	kg/m^2	150	300	450	600	600~1 200

注：表中所列的土层厚度取自日本等国的一些资料。

4.3.3 室内种植土壤及特点

使用于室内的土壤大部分都是根据植物所需来决定其土质。基本要求是疏松、透水和通气性能好，同时也要求有较强的保水、持肥能力，质量轻且卫生无异味。一般自然土很难达到要求，往往是多种材料的混合。目前在国内外用得较多的材料见表 4-2。

上述材料可以根据植物生长特性加以配制使用：

（1）疏松培养土 腐殖土 6 份、园土 2 份、河沙 2 份，适宜于草本观叶植物的播种及幼苗移植。

（2）中性培养土 腐殖土4份、园土4份、河沙2份，适宜栽培凤梨科、爵床科、竹芋科、天南星科、棕榈和多浆植物。

（3）黏性培养土 腐殖土2份、园土6份、河沙2份，适宜大型木本观叶花卉及盆景植物用。

表4-2 常见室内种植土壤材料及特点

序号	类型	成 分	特 点	适宜植物
1	腐叶土	阔叶树的落叶堆积腐熟	大量有机质、质轻、疏松、透气和透水、保水、保肥	各种秋海棠、天南星科观叶植物，地生兰花及观赏蕨类
2	堆肥土	残枝落叶，作物秸秆及易腐烂的垃圾废物等经堆积发酵腐熟	稍次于腐叶土	广泛应用
3	泥炭土	大量死亡的泥炭藓、羊胡子属、苔草属、芦苇属等植物体经多年积累分解腐烂形成的沉积物	大量有机质、疏松、透气、透水性能好，保水、保肥力强，质轻，无病害孢子和虫卵	优良的室内栽植用土。需要增加肥力和加进珍珠岩、蛭石、河沙等基质混合使用
4	砂和细砂土	农业用的砂土（粒径在0.1～1mm之间）		配制材料
5	锯末	松木（偏酸）或硬杂木（中性或微碱）锯末	质轻、疏松、透气、保水、保温、卫生	根据植物pH值要求选择，与其他材料混合使用
6	珍珠岩、蛭石、陶粒	珍珠岩是粉碎的岩浆岩加热至1 000℃以上膨胀形成； 蛭石是硅酸盐材料在800～1 100℃高温下膨胀而成； 陶粒是页岩加热至1 000℃膨胀而成	质轻、疏松、透气、无营养成分	培养土添加物
7	泥炭藓和蕨根	生长在高寒地区潮湿地上的苔藓类植物和紫萁的根、桫椤的茎干和根	十分疏松，吸水力强	热带附生植物（附生兰、天南星科、凤梨科、食虫植物等）的种植材料
8	树皮	栎树皮、松树皮和其他较厚而硬的树皮经破碎而成	疏松，吸水力极强	替代蕨根，苔藓和泥炭作为附生植物的栽培基质

4.3.4 无土栽培

无土栽培即无污染、无有机腐殖质、无土壤栽培。它是利用无机营养液直接向植物提供其生长发育所必需的营养元素。如用砂、砾石、蛭石、珍珠岩、苔藓、泥炭、木屑、树皮等各种轻质无臭人工栽培基质代替土壤并施用配好的完全营养液，进行观赏花卉培育，高效优质，方便卫生。这在进行大规模的花卉生产中发挥着非常重要的作用。

复习思考题

1. 栽培容器类型有哪些？移动式栽培容器主要类别有哪些？套盆的概念是什么？
2. 根护是指什么？
3. 常见室内种植土壤及特点是什么？
4. 室内绿化小品设计：花坛式凳椅1～2组。（徒手画透视图，附文字说明）

5 室内绿化植物的配置形式和原则

【本章重点】 室内绿化配置的两种类型；自然式种植设计的配置规律；不等边三角形种植法；室内植物造景中榕属植物（垂叶榕、印度榕）以及棕榈科植物的特点；室内植物装饰小品类型；室内绿化装饰的选配原则。

5.1 配置形式

室内绿化植物配置有两种基本方法：一是利用盆栽摆放，或称为不固定式（图5-1）；二是植物直接种植于室内的地面、花池、土坡或假山上，或称为固定式（图5-2）。

盆栽摆放，灵活方便，搬动移走或更换增添都很方便，既可散摆，也可组合摆。也可组成花坛式、垂吊式、绿墙式、柱式等各种形状，起到装饰和划分空间的作用，并且不需要进行绿化施工。

植物直接进行地植，则可能栽植大型植物，形成任何可能的植物景观，特别适合于大型空间，如中庭、餐厅、购物中心等。

这两种方法就植物配置规律而言，又可分为规则式和不规则式两种类型。

5.1.1 规则式与不规则式

(1)规则式　或称为对称式。规则式的设计包括相对对称、平移、平移扩大或其他形式(图5-3)。植物品种为一种或多种，但每一品种都要求大小统一，按照所设计的图案单元进行组合。可以是两株对植、线性种植、多株阵列种植；或盆栽摆放呈花坛式，或种植于立式花坛中。这类形式多用于装饰门厅、走廊，布置会场及展厅，体现庄严、大方的风格。

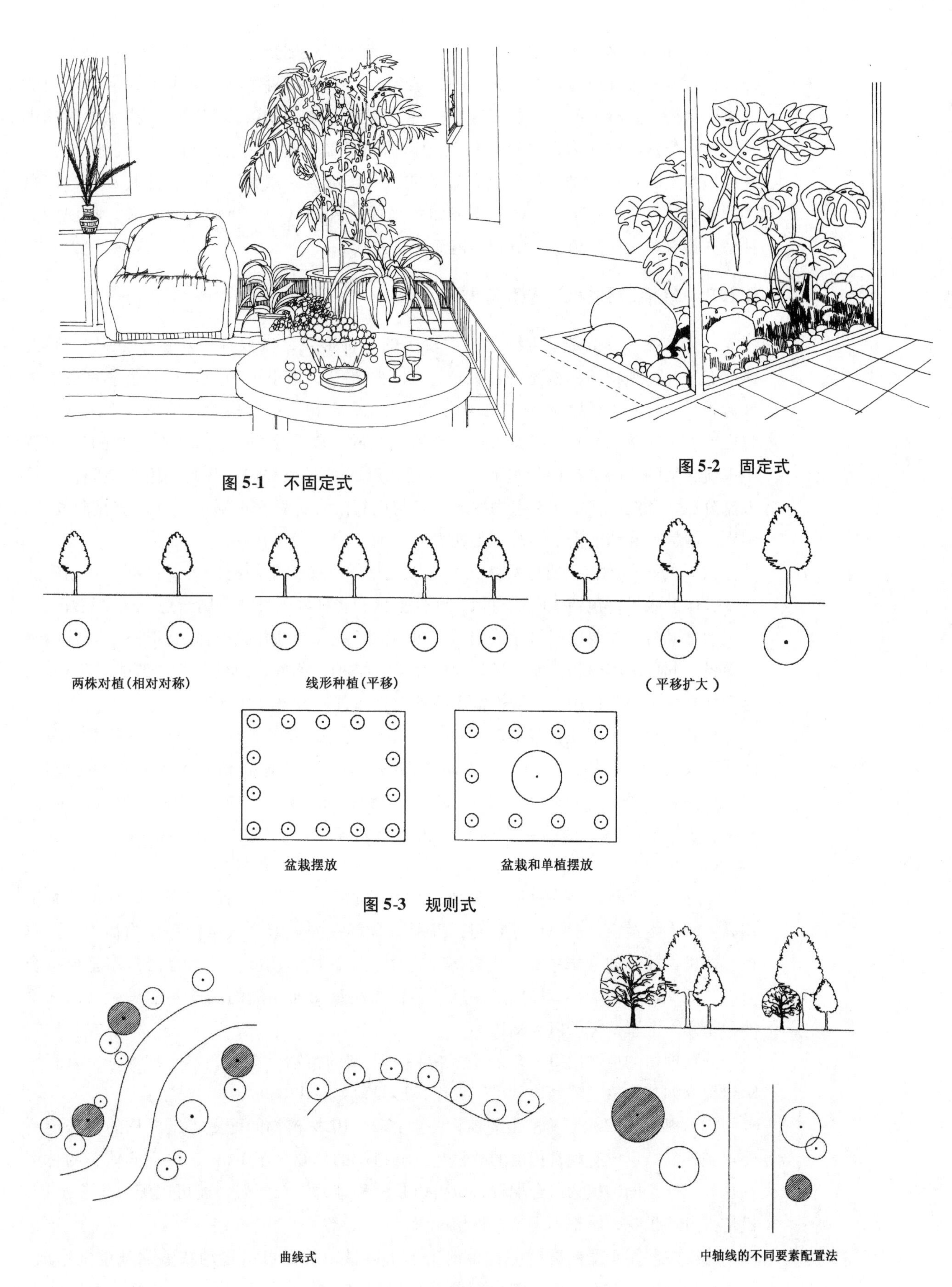

图5-1 不固定式

图5-2 固定式

图5-3 规则式

图5-4 不规则式

(2) 不规则式　或称自然式（图5-4）。不规则式配置是模仿自然界的植物生长规律去设计方案。其设计要素是曲线的、柔和的、中轴线两侧具不同要素，但趋于视觉量上的平衡。这种类型，主要表现在一些具有很好的采光条件和通风、供水条件的现代大型豪华建筑空间内，建筑师们运用园林的手法，进行垒石、堆土、砌池、塑山。并可做少量的地形改造，如砌路、铺桥或做人工喷泉、瀑布、山林，使其具有自然野趣的风韵，其中也可布置一些茶座或休息坐椅，置身其中，宛如世外桃源。不规则式种植亦具有单植、列植、丛植和群植等配置方式。

5.1.2　单植、列植、丛植与群植

(1) 单植　单植是室内绿化采用较多的一种形式，一般选用观赏性较强的植物。或姿态、叶形独特的棕榈型的苏铁、蒲葵、散尾葵，塔形的南洋杉；或色彩艳丽、浓郁芳香、适合室内近距离观赏的桂花、白兰花、榕树、橡胶榕等。单植最常用盆栽作室内点缀，或茶几一侧；或案头边；或室内一隅，软化硬角（图5-5）。孤植植物宜置于人流交叉的中心，空间的过渡、变换处，形成主要观赏物，并起到组织空间，引导人流分道、环绕的作用。在室内庭园，宜与山石配合，石宜透漏生奇，树应盘曲苍古，则别具情趣。在墙前窗下种植，则如立体的画。

(2) 列植　列植主要指两株或两株以上植株，按一定间距的方式排列。它们形成一个整体的效果，包括了两株对植、线性行植和多株阵列种植，属于规则式种植配置。

两株对植　主要用于门厅或出入口处（图5-6），常用两株有独特形态的观叶或花叶兼备的同种木本植物，如南洋杉、印度榕、塔柏、苏铁、白兰花等，形成对称种植，起到标志性和引导作用。桌摆也常用两株对称布置的方式（图5-7）。

线性行植　是用花槽或盆栽，使多株植物成行配置的种植方式，有一行的，也有两行形成均衡对称的。植物一般为同种植物，且大小、体态相同；如果为不同植物，也宜在体量、外形、色彩和质感上接近，以免破坏整体感。如在窗台、阳台、楼梯、扶手、栏杆或厅室中部的花槽内成行相间排列花木，借以划定范围，组织室内空间（图5-8）。

多株阵列种植　是一种面的种植，亦可看成多条线性种植的集合。阵列种植常采用高大的木本植物，形成顶界空间，特别适合于室内大型公共空间，如购物中心、宾馆、候机大厅等的豪华中庭、内庭等。在休息、等候的场所，种植容器常与坐椅结合考虑，既保护了植物，又提供了休息设施；在注重交通功能的场所，常采用与地齐平的种植穴，上置铁箅子以利交通。

阵列种植的植物用得最多的是棕榈科单生型的植物、桑科的榕属植物，也有利用附生植物如某些蕨类阵列地悬吊于大厅，形成顶界绿化空间。

(3) 丛植与群植　丛植用的植物一般指2～10株植物的配置，组成丛的单株植物要求美感强，形成有观赏价值的植物丛；群植用的植物多于10株，体现群体美的林型景观。可以是同种植物组合配置，也可以是多种植物混合配置。还可以配合山石水景，模仿大自然景观，属于不规则式种植配置。

丛植主要用于室内庭园的种植池中，小体量植物也可由移动式的盆栽配置形成，可以用同种植物或不同植物混合配置。在功能上，植物丛可以庇荫，可作主景，亦可

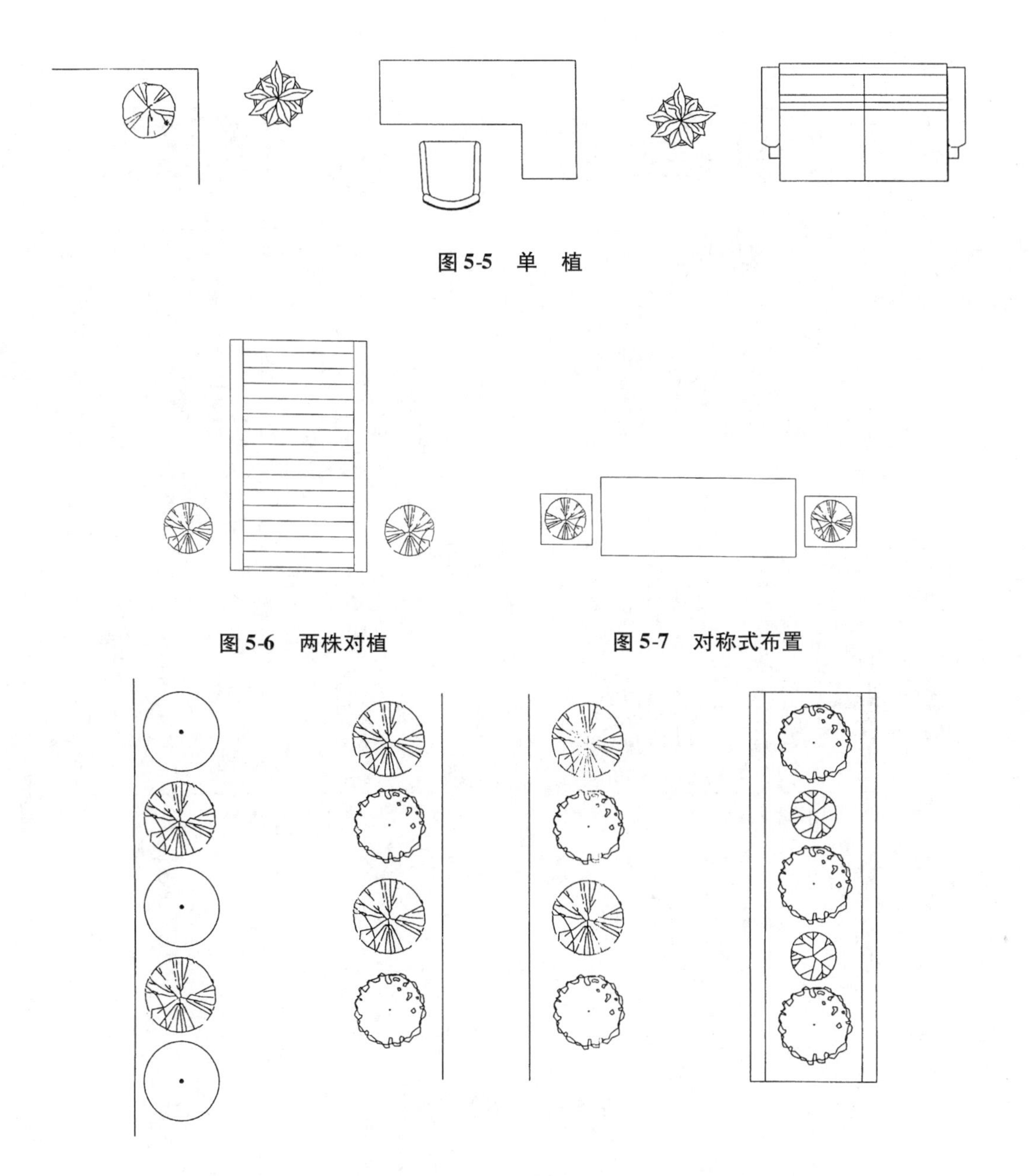

图 5-5 单 植

图 5-6 两株对植

图 5-7 对称式布置

图 5-8 植物相间排列种植，借以划定范围，组织室内空间

作内庭假山、雕塑、小品建筑等景物的配景。在中国园林中，植物丛的配置要求疏密有致。适合于室内的丛植配置的方式如下：

两株的配置 与列植中的对植不同，植物丛的两株靠得很近，相互形成一个整体的造型，即使是盆栽（同一盆或不同盆）两株树应相互顾盼。既要有共相，又要有殊相，最好选用同一树种，但在姿态、大小、动势上有所区别。两株有向有背，有仰有俯，有欹有直、有高有低、有统一又有对比，才显得生动活泼（图 5-9）。

三株的配置 三株配置最好用同一植物，或为外观类似的两种植物来配合，忌用三个不同种的植物。三株树木的大小、高低、树姿都要不同。最大的一株与最小的一株为一组，次大的分开，离远一些为另一组，种植点呈不等边三角形配置。这样形成聚散、疏密、大小的对比，达到统一调和，又自然生动。这种种植法可以称之为不等

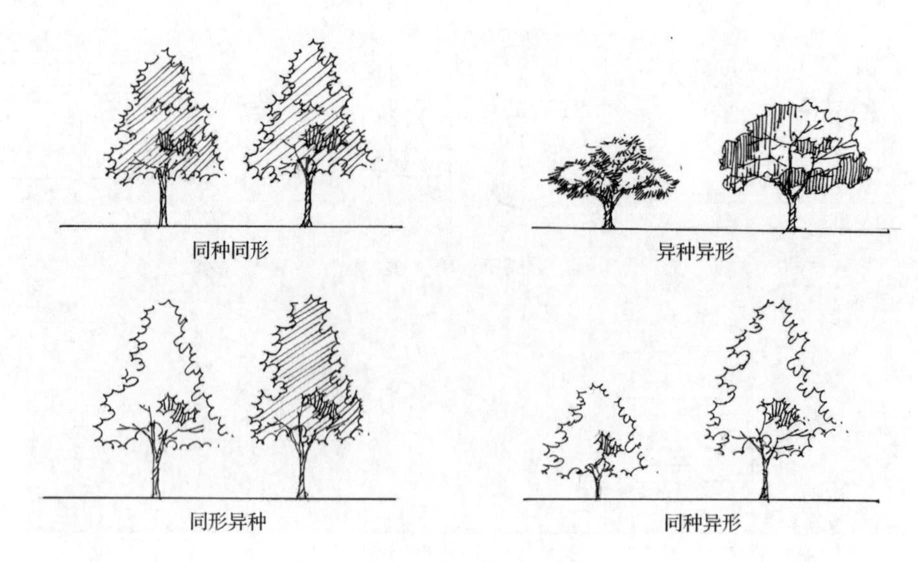

图 5-9 两株的配置

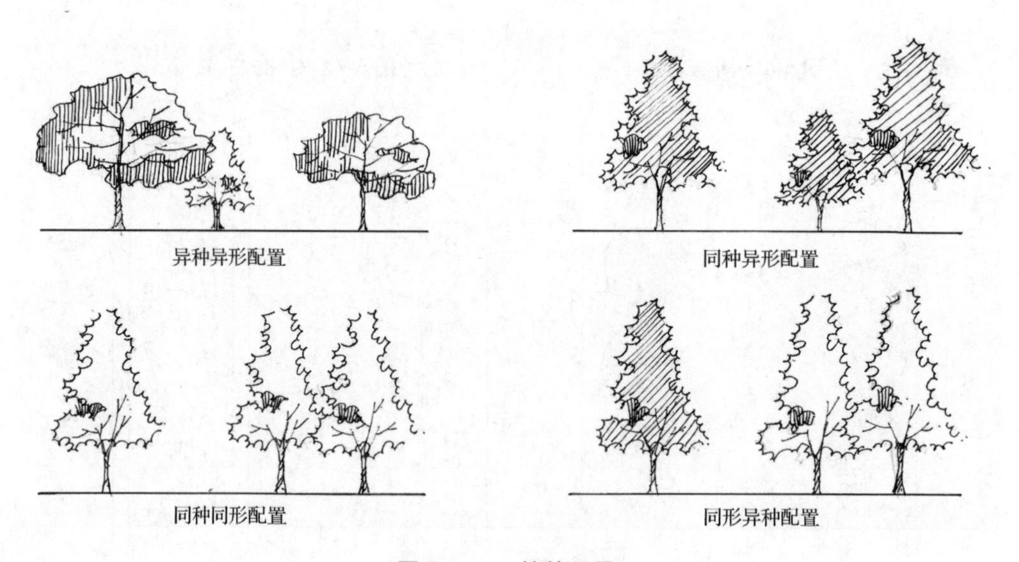

图 5-10 三株的配置

边三角形法（图 5-10）。

四株的配置 植物可用一种或两种植物，配置上成 3∶1 组合，平面上形成不等边三角形或不等边四边形配置（图 5-11）。

五株的配置 同为一种或最多两种植物。配置有 3∶2 和 4∶1 组合。如为同种植物，采用 3∶2 或 4∶1 组合均可，但不同种的植物宜采用 3∶2 组合为佳（图 5-12）。

五株以上的配置 植物的配置，株数越多越复杂。如果熟悉了五株的配置，则多株配置均可自如。在设计上始终要注意聚散、疏密、大小的对比（图 5-13）。

群植 群植是大于 10 株的组合，包括室内盆栽的组合如图案式花坛和室内庭园中构成主景的林型景观。

图案式花坛可分为平面式和立体式。可以是小型盆栽的组合，也可以是定期种植于花坛之中。平面式是指根据四季不断更换时花，组成简单的图案。立体式是指在室内光线条件好的空间，选取不同色彩的观叶植物或花叶兼美的植物，种植或盆栽组合

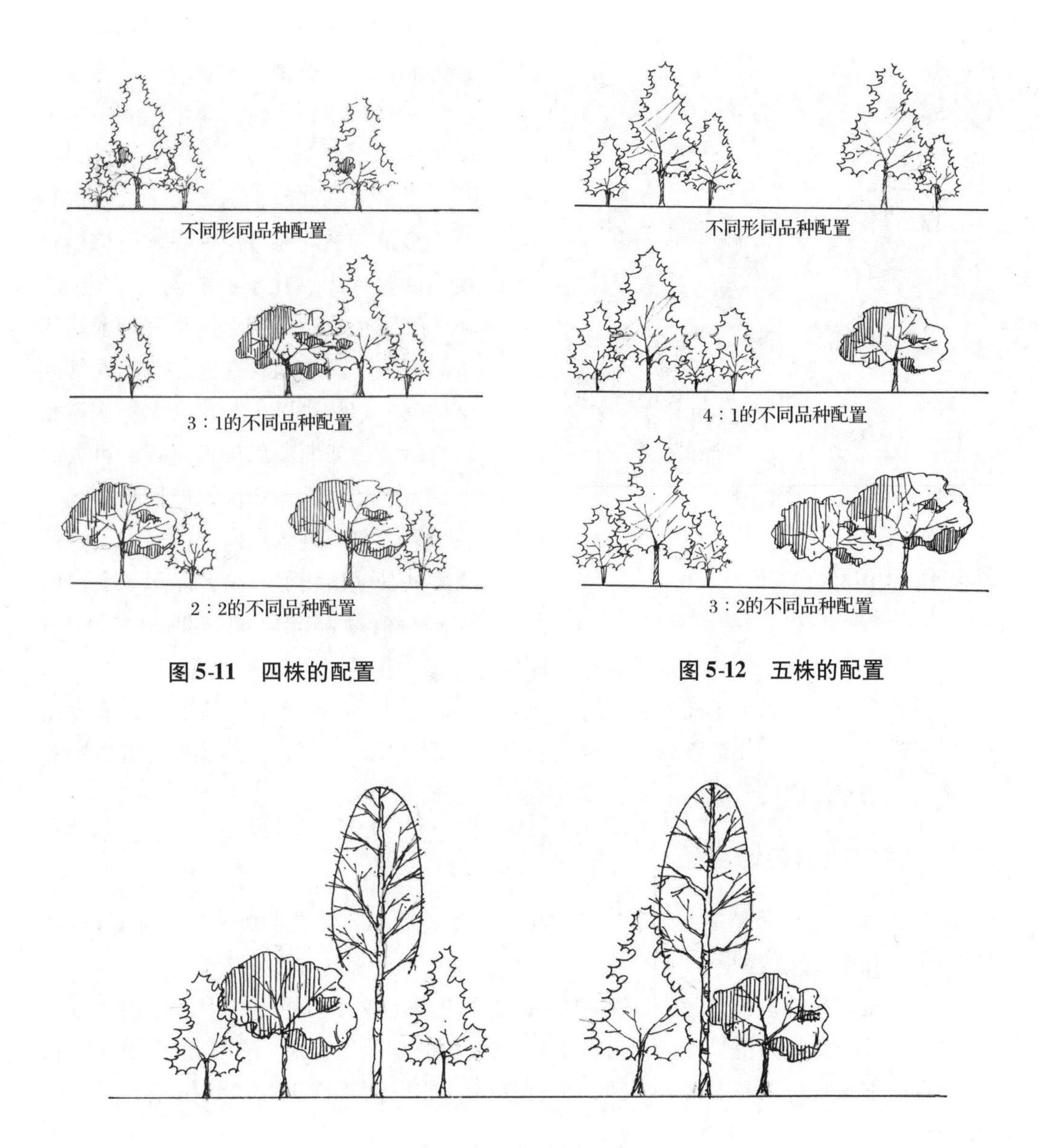

图 5-11　四株的配置

图 5-12　五株的配置

图 5-13　多株的组合

在具有一定立体形式的花坛或者花架中，形成植物雕塑。

林型景观是指在室内庭园（图 5-14）或温室中的植物群植，它可以是相同植物形成的纯树群，也可以是不同树种形成的混合型树群，上为乔木，下为灌木和花卉。配置的基本原则是高植物在中央，矮植物在外缘；常绿植物在中央，落叶植物、花叶美丽的植物在外缘，形成立体观赏面，植物互不遮掩，也易成活。

由于室内环境特殊，加之树群植物相互影响，因此适应于室内群植的种类，特别是上层植物有限。但有几类特别适合于这种配置。

桑科榕属植物　如垂叶榕、印度榕等。这类植物在室内用得很普遍，因为：室内光照在 2 500lx 就能生存得很好；尺度较大，在室内可达到 3.5～4.5m 以上，且枝下高可达 2～3m；属内种的形状和大小变化大，因此可选择不同形状和尺度的植物；叶形和

图 5-14 某酒店室内庭园

树冠区别于热带特性的棕榈科植物，可创造温带和亚热带植物景观。

棕榈科植物 包括单生型和丛生型两类。单生型只有一个主干，如椰子；丛生型是从基部萌生出多个干。棕榈科丛生型植物在幼时可用做灌木。棕榈科植物的独特优点在于：能创造“热带”环境气氛；单生型明显的垂直特征能用于高而狭窄的空间，在这些空间同等高度的其他植物难以生存；许多棕榈科植物自然姿态或曲或斜极为美观，可大大增加室内景观的趣味性；棕榈科植物为须根系，移植进入室内种植容器比同等高度的其他植物更容易；能用于室内的棕榈科植物都能忍耐较低的光强（1 000 ~ 3 000lx）。但是它们无法像榕属植物那样通过修剪保持较为恒定的高度。

林型景观的另一种形式是在温室中的植物群植，指在有恒定温度的室内，或专用温室中可模拟热带、亚热带森林，形成有乔木层、灌木层、地被层甚至附生植物层和气生植物层的多层次的景观。

5.1.3 室内植物装饰小品

（1）*悬垂* 把藤蔓植物或气生性植物植在高于地面的容器而形成的特殊配置形式。包括下垂式和吊挂式两种。

下垂式是利用缠绕性和蔓生性植物植于离地的固定或移动的容器中，植物从容器向下悬垂生长。适宜的植物除缠绕藤本外，蔓生性的如吊兰、天门冬等软而短的植物也极适合。下垂式可以是书架、柜顶的移动盆栽，亦可附于墙上的固定植槽，形成壁挂种植。

吊挂大多是利用气生或附生植物，且容器或固着物悬吊于室顶。适于吊挂的植物除一般藤蔓外，还有许多附生植物、气生植物如波斯顿蕨、鸟巢蕨和附生兰类（图 5-15）。

（2）*桌摆* 是一种最简单的形式，也是用得最多的形式。在桌面、窗台、茶几、橱顶均可根据室内环境布置一些精致的时花和观叶盆栽（图 5-16）。

（3）*立柱、棚架、屏风* 利用塑料管、木、竹、钢丝网卷等材料制成立柱，使攀缘性藤本附于其上，形成绿柱，用于室内绿化点缀（图 5-17）。常用的植物有绿萝、红宝石喜林芋、绿宝石喜林芋、琴叶喜林芋、心叶喜林芋等。同样，亦可以设置花架式棚架，用于前厅走廊处的绿化。或垂直配置成绿色屏风，用于分隔空间或障景。由于藤本植物是不规则的，数株根植于基部种植槽，其藤蔓随着附着物攀缘而形成一定造型，给室内设计师更大的想象和创造的空间（图 5-18）。

图 5-15 悬挂式配置

图 5-16 桌摆式配置

图 5-17 立柱式

图 5-18 屏风式

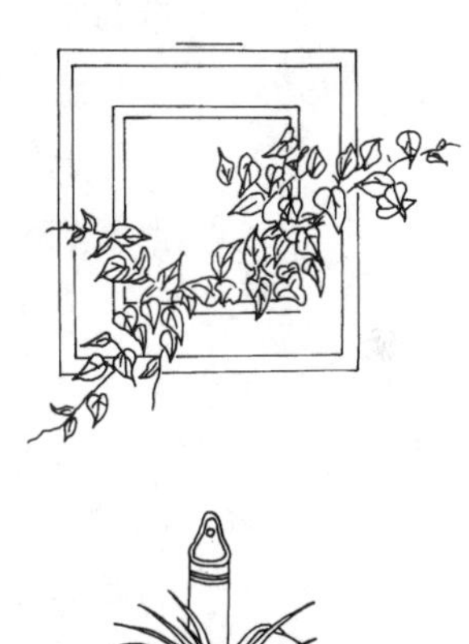

图 5-19 镶嵌式

（4）壁画、镶嵌 是指将容器的概念扩大到墙壁上。壁画是指用植物与墙面上的壁雕、灯悬、玩具等构成一幅构图完整具有某种意境的浮雕画面。镶嵌是指在墙壁上设计某种形状的空穴，在墙壁装修时留出位置，然后将适当的容器镶嵌其中，再配以观叶植物或其他观花植物点缀于容器之中，有的还配上霓虹灯光，别具情趣（图 5-19）。

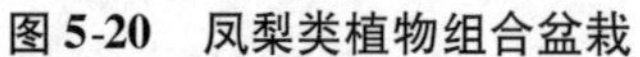

图 5-20 凤梨类植物组合盆栽

图 5-21 多浆类植物组合盆栽

（5）组合盆栽 是指在一个花盆内种上两三种观赏植物，使它们能和谐共处，长势壮旺，把色、姿、韵有机地结合起来，供观赏，使人们更加怡情悦意，回味无穷（图 5-20，图 5-21）。

植物的形状有单株植物的，也有植物组合的。组合形的植物外形轮廓在室内景观组织中更为重要。它给设计者以更大的发挥余地。

据查考，组合盆栽最早出现于花卉王国的荷兰，继而传播到欧美、东南亚。在台湾、香港的许多花场、花店经营较多，近年来，北京、上海、广州、苏州、深圳等城市也逐渐形成时尚。一盆独具匠心的组合盆栽，再刻意种于精致的容器之中，加上彩带和工艺小品包装一番，所取得的附加值则会更高。

组合盆栽的制作，应考虑几点基本方案：

选择适宜的植物 选择一些生态习性基本相同，如温度、光照要求相近，湿度和土壤酸碱度的要求较为接近的一类植物。

选择生势粗壮、管理较易的植物 以一种多年生的木本植物为主体，然后配上其他一、二年生草本为衬托。

注意景观的结构 为了组栽适宜，应从美学观点考虑，对所选择的植物要求高矮相配，大小相间，色彩各异，直立与匍匐相结合，使它们在株形、叶形上表现出特有的质感，使人耳目一新。

注意物色理想的容器 改进基质，加强水肥管理等，与一般盆栽管理原理相同。

5.1.4 水生植物配置方式

水生植物正在走向室内，成为室内环境美化中的一员。水生植物大多喜光，因此引入室内的不多，但近年来，采光和人工照明技术得到了极大发展以及人们对自然水体的向往，在室内绿化的水景中可引入水生植物来创造更生动自然的水景。

水生观赏植物具有繁殖快、管理十分粗放的特点，有许多水生植物具有良好的抗污性，并能净化水质。水生植物充满凉快感，特别适合在炎热的夏季观赏。

根据水生植物的特点，水生植物配置方式可分水面配置、浅水配置和深水配置三种方式。常组合应用这三种方式，形成较为自然的水景。水面采用浮水植物如凤眼莲等；浅水则采用挺水植物如香蒲、旱伞草、慈姑等；深水用浮叶根生植物，如睡莲等。水生植物不宜种满水池，以占 1/3 水面为宜，否则水面会失去倒影的效果。还可以采用各种别致的容器种入水生植物，用于室内观赏（图5-22，图5-23）。

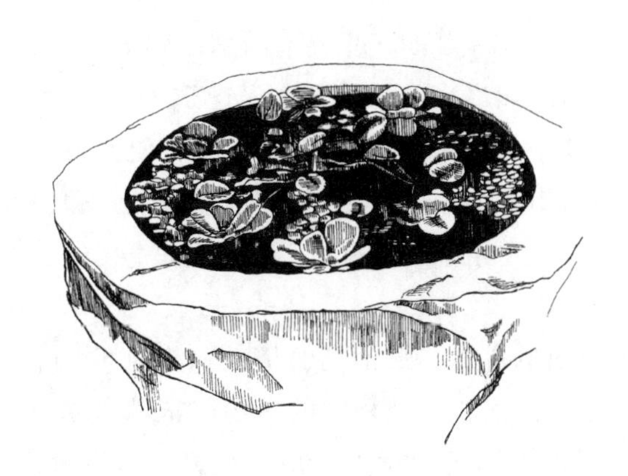

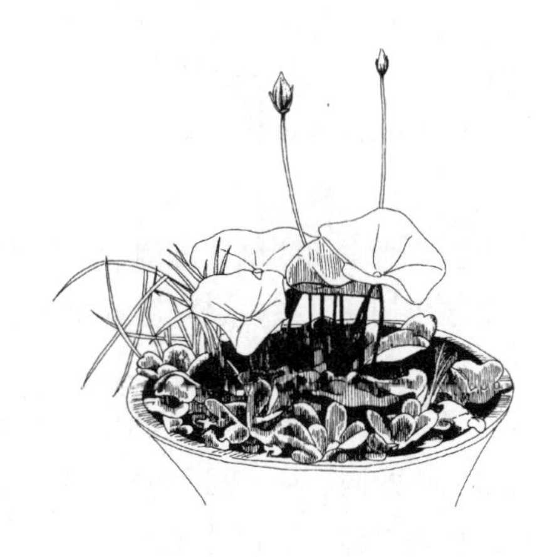

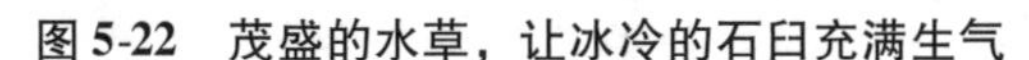

图5-22　茂盛的水草，让冰冷的石臼充满生气

图5-23　用睡莲钵种荷花

5.2　室内绿化装饰的选配原则

植物亦如一般构件和陈设，其配置首先应符合一般美学原理，同时，还必须与其他诸多因素取得整体的和谐而融为一体，来满足房间功能和人们的需要，具体地说室内绿化装饰应从以下几个方面来考虑。

5.2.1　根据美学的原则选配

（1）风格和谐　室内绿化装饰要与环境相协调、和谐，要与建筑风格和整个室内环境的情调、风格、家具的式样以及地面、墙壁等诸多因素有机结合，才可能有整体的和谐美。

在古色古香、具有中国传统风格的大厅中，宜选用垂叶榕或花叶榕类，并配置兰花和盆景以及配置几架，但要注意花盆几架风格的统一，营造古朴典雅的室内空间氛围；西式格调的客厅，宜选用棕榈类、橡胶榕或立柱式盆栽，套盆的色彩和形态宜简洁明快，营造一派热带异国情调；宽敞明亮并建有水池的大厅，则可配置海枣、榕树和铁树，尽显南国风光；宏伟豪华的大厅要用高大挺拔的大型散尾葵、南洋杉等衬托，显得气度非凡；具有江南风味的大厅内则可配置几丛修竹，显得清雅灵秀。对于一个多方位、多层次的空间，则应统一在一个整体布局之中，既要避免同类植物或等量的重复，又要防止品种过多，使人产生杂乱无章的感觉。

（2）色彩调和　色彩的和谐使人感到舒适，可以使室内环境更具有吸引力。室内绿化装饰，对于植物色彩的配置，应首先考虑室内环境色彩，如墙壁、地面、家具等色彩。环境如果是暖色的，应选偏冷色花木；反之，则用暖色花木。这样，既协调又能形成对比，产生明显的视觉反差，呈现出整体美。

在群植配置中，要根据色彩重量感，考虑色彩配置的上浅下深，使环境造成一种安全、稳定的感觉。其次，要考虑室内空间的大小和采光亮度。对于空间大、聚光度好的空间宜用暖色花；反之，宜用冷色花，最后还要考虑与季节、时令相协调，夏季可以多放使人感到清凉的种类，如冷水花，花叶芋、白网纹草等；元旦、春节期间可摆放一品红、杜鹃花等，用以增添欢乐的气氛。

（3）*比例适度*　室内绿化装饰要根据室内空间高度、宽度及室内陈设物的多少、体量来决定所选择植物的数量及大小。如3m高房间最高的植株要求不超过1.8m，太高会产生一种压迫感和窒息感。但是，在一个较大的空间内放置几盆小花，便会给人以空旷感。室内空间的绿化比例，一般不超过1/10，这样会使室内产生扩大感。反之，会给人带来压抑感。室内绿化造景和盆景的陈设，要给主人留有60°~75°的垂直视野和120°的水平视野以满足视觉的要求。

（4）*均衡布局*　均衡是美学中的一个很重要的概念。最常见的是对称性均衡，两边的分量完全相同。如在居室的入口处，左右对称摆放完全相同的植物。非对称性均衡，是指如果对称中心两边的植物大小不同，可以运用力学上相应的杠杆平衡原理，调整植物与中心之间距离形成一种稳定的结构，给人以变化中求平稳的感觉。

（5）*主题突出*　室内绿化装饰，还应做到主次分明，中心突出。在同一方位内的空间有主景和配景之分。主景是装饰布景的中心，必须醒目，要有艺术魅力，能吸引人，使人留下难忘的印象。主景可以体现设计主题，体现建筑设计风格和主人思想情感。如以松作主景，寓意坚强不屈；植竹可体现虚心高节；栽梅可表现不畏严寒、坚贞不屈；而荷花则体现出淤泥而不染的廉洁朴素的思想。

5.2.2　根据室内环境条件选配

室内绿化植物的选配必须了解室内空间环境条件，以保证最大的适应性来达到设计的意图。

室内观赏植物的生长习性，是其在漫长的进化过程中，逐渐适应周围环境而获得的一种遗传特性。室内绿化设计技艺的高低与效果，很大程度上取决于人们对观赏植物习性的正确认识和自觉应用，特别是植于室内某种特定地点的植物。只有植物能健康地生长，才能有其观赏价值；再通过精心养护，延长观赏期，才能发挥植物改善环境、提高环境质量的作用。

（1）*温度*　我国南北方住宅温度条件不同，在长江流域以南、长江中下游一带，夏季炎热，室内温度高达30℃以上，有时持续高温，对有些植物不利，如仙客来、球根海棠等怕高温的植物。冬季黄河以北住宅内虽有采暖设备，有的温度达不到15℃，甚至低于10℃以下。南方居住室内无采暖设备，温度更低，这对于原产于热带和亚热带的观赏植物不适宜。人体感觉最适宜的温度，大约为15~25℃，这也是植物生长的最佳温度范围。选择温度合适的植物种类与品种，是室内绿化的关键。

（2）*光照*　室内一般是封闭的空间，光照条件较露地差。最好以能耐较长时间荫蔽的阴生观叶植物或半阴生植物为主。在散射光线下，它们也能生长，并不损害观赏价值。

有较大面积南窗时，离窗80cm内的位置，阳光充足，可选放喜光照的植物。如天门冬、软叶刺葵、一品红、鸭跖草、仙人掌类。

东窗、西窗附近以及距南窗80cm以外，有一部分直射光线，光照条件较好，这些地方多适合观赏植物的生长。夏季直射光太强时要适时遮光。在这种光照条件下，吊兰、朱蕉、榕树、棕竹、鸭跖草等都可以良好地生长。

距离南窗 1.5m 以外，有光照但无直射光线时，不宜栽培观花植物，而适宜选用一些耐阴的观赏植物，如文竹、龟背竹、绿萝、观叶海棠、鹅掌柴、冷水花、豆瓣绿类等。

在无直射光的窗户或离直射光的窗户较远的位置，可选用耐阴性很强的植物，如蜘蛛抱蛋、八角金盘、蕨类、榕树、白网纹草、竹芋类等。

远离窗户的阴暗面：只适宜选用最耐阴的观赏植物，如万年青、蕨类、虎尾兰等，但过一定时间后，也需要更换位置。

（3）空气湿度　这个因素对亚热带和热带观叶植物影响较大。尤其在北方地区干旱多风的季节，或在冬季室内取暖季节，空气湿度较低。对于要求空气湿度较高的观赏植物应注意避免选用。

5.2.3 根据不同功能空间选配

根据建筑室内空间功能不同，绿化时应在满足常规交通、休息、交流等活动的前提下，选择尺度与形态适宜的植物，以及其他园林要素进行空间组织，通过景观设计技法，充分表现室内空间景观，提高空间的功能价值与环境品质。

复习思考题

1. 室内绿化配置的两种类型是什么？
2. 自然式种植设计的配置规律有哪些？
3. 什么是不等边三角形种植法？
4. 室内植物造景中榕属植物（垂叶榕、印度榕）以及棕榈科植物的特点是什么？
5. 室内植物装饰小品类型有哪些？
6. 室内绿化装饰的选配原则有哪些？

6 室内绿化与室内空间设计

【**本章重点**】 室内景园的类型；利用植物组织空间的形式；不同类型室内空间的绿化设计。

自20世纪70年代，以美国的约翰·波特曼为代表的建筑师提出“建筑是为人而不是为物”的口号，认为建筑学是为人们日常使用的房屋服务的，如果建筑师能把人们感观上的因素融会到设计中去，就能创造出使所有人都能直觉地感受到环境的和谐。在类似理论的影响下，室内绿化成为室内空间设计中的一个重要内容。室内绿化一般有两种情况：一种是覆以顶盖的室内景园，相当于温室花园；另一种，也最为常见的是在庭内以与功能相关的家具设施为主，植物点缀其中，并利用植物进行空间组织。

6.1 室内景园类型

作为众多大型建筑物内部共享空间的主体，室内景园得到空前发展。一些景园项目其本身即是室内空间设计中的有机组成部分。要求室内山石水景、绿化等与建筑的顶、地、墙装饰及各类空间设计协调有序地统一进行。室内空间设计中室内景园的常见类型有以下几种形式。

6.1.1 借景式景园

景园在室外，借景入室作为厅室内的主要观赏面（图6-1）。一般有两种情况：一种是较封闭的庭院，面积较小，供厅室采光、通风、调节小气候用，其景物作为室内

图 6-1 借景式景园

视野的延伸；另一种是较为开敞的庭园，一般面积较大，划分为若干区，各区都有主题风景和特色。

6.1.2 内外穿插式景园

这是在气候宜人地区常用的形式。常在建筑底层交错地安排一系列小庭园，用联廊过道等使庭园绿化与各个建筑空间串在一起，并以平台、水池、绿化等互相穿插，以通透的大玻璃、花格墙、开敞空间、悬空楼梯等联系渗透。

6.1.3 室内景园

在室内布置一片园林景色，创造室外化的室内空间，是现代建筑中广泛应用的设计手法（图 6-2）。特别是在室外绿化场地缺乏或所在地区气候条件较差时，室内景园开辟了一个不受外界自然条件限制的四季常青的园地。

图 6-2 北京香山饭店室内景园

6.2 利用植物组织空间的形式

6.2.1 内外空间的过渡与延伸

将植物引进室内，使内部空间兼有自然外部空间的因素，达到内外空间过渡。其手法常常是在建筑入口处布置花池或盆栽，在门廊的顶部或墙面上悬吊植物。也可以采用借景的方法，通过内庭的窗、玻璃墙等通透的围合体，使室内外绿化景观相呼应，以增加空间的开阔感和深远感。使人从室外进入建筑内部有一种过渡和连续感，使室内有限的空间得以延伸和扩大。

6.2.2 空间的提示与导向

在一些建筑空间灵活而复杂的场所，由于室内绿化具有观赏的特点，能强烈吸引人们的注意力，通过植物景观的设计可以组织路线、疏导人流，从而起到提示和导向作用。如在空间转变处，台阶、坡道的起止点，主楼梯等位置，运用花池、盆栽作为提示和导向（图6-3）。植物选择如大型异叶龟背竹或春羽以及花色艳丽的花烛、鹤望兰、四季海棠、瓜叶菊等，均要求其质感、色彩、形状及尺度上有吸引人的特点。

图6-3 提示与导向

图6-4 某宾馆大厅用高低错落的花池简单分隔出绿色的休息空间

6.2.3 空间的限定与分隔

利用室内绿化可形成或调整空间，能使各部分既能保持各自的功能，又不失整体空间的开敞性和完整性。内庭空间常常由于功能上的需要而划分为不同的区域，如交通、休息、等候、服务、观赏、餐饮等。这些空间都可以用植物来形成或得以加强。如利用盆花、花池、绿罩、绿帘、绿墙等方法作线形分隔或面的分隔。图6-4是某宾馆大厅用高低错落的花池简单分隔出绿色的休息空间。

6.2.4 空间尺度的调整

利用室内植物重塑尺度宜人的空间，这是内庭设计中常用的手法。大多采用枝下高较大的植物如棕榈、鱼尾葵、垂叶榕等行列种植，形成顶界面，其下为活动或休息空间。如纽约世界金融中心内庭，利用大型的棕榈科植物，纵向分隔了大厅空间，改善了大厅的空旷感。

6.2.5 柔化空间

现代建筑空间大多是由直线形和板块形构件组合的几何体，感觉生硬冷漠。利用植物特有的曲线、多姿的形态、柔软的质感、悦目的色彩和生动的影子，可以改变人们对空间的印象并产生柔和情调，从而改善大空间的空旷、生硬的感觉，使人感到宜人和亲切。可用常春藤、薜荔、喜林芋、绿萝等，任其缠绕，悬垂大片蔓性植物的挑廊，使自然气氛倍增。柱子上悬置花池，赋予生硬的钢筋混凝土构件以勃勃生机。如同图6-5，为浙江邵逸夫医院候诊大厅绿化，大厅中间种植组合盆栽，硬质立面种植悬挂植物，形成地面与墙体立面呼应关系，软化硬质空间环境的同时，增加了空间的温馨气氛。

6.2.6 空间的充实与装点

室内空间中常出现一些难以利用的剩余空间，如墙的角落，悬梯上空和底下，家具或沙发的转角和端头等。用绿色植物来填充这些空间会使空间景象一新。 一般在窗

图6-5 浙江邵逸夫医院候诊大厅

图6-6 空间的充实与装点

台可陈设小型盆栽或悬吊植物以开阔和美化窗景；在墙角或沙发旁可置大型观叶植物如南洋杉、垂叶榕、龟背竹、棕榈类；在楼梯一侧可每隔数级放置一盆花或观叶植物；在转角平台可配置较大型植物，如橡皮树、龙血树、棕竹等（图6-6）。

6.2.7 营造空间情调

现代内庭空间常倾向不同风格。这些风格的形成除了反映在室内装修、家具、陈设上外，利用植物可以加强这种气氛。菊、牡丹、玫瑰显示气质高雅；狗尾草、香蒲等显示乡土气息。

利用植物还可以反映地域性自然景观。以大型叶为主的常绿植物、大型藤本和附生、气生性植物，如棕榈科、天南星科、兰科等植物可营造热带景观；樟科、茶科、木兰科等植物可营造亚热带自然环境氛围。

此外，植物可喻志寄情。在中国很多植物的象征意义与古代文人的诗文题韵有很大的关系，如竹被拟人化为最有气节的君子，“未曾出土先有节，纵凌云处也虚心。”文人们竭力追求“宁可食无肉，不可居无竹”的境界。中国的这种竹文化也影响到了日本。如日本关西空港室外以大量的植树建造人工森林，在共享空间的南北两端室外庭院分别整齐地栽植了120株翠竹，列植的竹子从室外延伸至室内玻璃幕山墙附近，给刚刚通过海关入境踏上日本国土的旅客一种天然的柔情，极富明显的地域感和季节感。

6.3 不同类型室内空间的绿化

在各类室内共享空间和自用空间中，人们利用各种绿化手段营造优美而舒适的环境，并有效地组织空间。空间环境各自具有的不同功能和特点，因而室内绿化的手法也各有差异。

6.3.1 现代商业空间

都市中的大型商业空间是集消费、休闲、娱乐、旅游为一体的，是都市文明的重要象征，也是城市景观最有魅力的部分。如大型百货商店、购物中心、综合商业设施、步行商业街等。人们来到这里购物，也可以休闲、社交，享受环境的氛围，感受都市生活的乐趣。高品位的绿化环境景观，可以影响人们的购物心理并带来可观的商业经济效益。有资料表明，在大型购物中心增加绿化量，有利于滤毒、滤尘、滤菌、杀菌，降低噪音，改善空气清洁度。

商业空间的入口是人流的必经之处，起着内外空间的过渡与延伸的作用。

可在入口处设置盆栽、花池或花棚，门厅内做绿化组景，并使花卉植物的形态、色彩与室外绿化景观取得视觉感受的联系，内外结合相得益彰。可通过大型落地玻璃及大面积的透窗借景，使室内外的绿化相互渗透。

现代大型商业空间的内庭，是由数层各类商业专卖店及通道平台围绕起来的共享空间。相互穿插的空间组合，优美流畅的线型，高差变化的层次，以及不断流动的人群，使这一空间充满了共享、同乐的动态特性。利用生机勃勃的绿化手段创造一个优美、舒适、愉快的商业环境，使人们感到既进入了商店，又有如置身于优雅的庭院空间。内庭的绿化处理应注意水平和垂直两个方向的整体效果。应与周围楼层的高低、楼梯口的方向和空间大小相适应，注重体现点、线、面的形式美。尤其要注重与室内外的大环境、建筑风格相统一，注意表现民族传统和地方特色，注意因地制宜，扬长避短。

在较小的空间可以在大厅中央以大量色彩鲜艳的盆花叠成花坛或制成花篮，形成视觉中心。

在空间开敞高大的中庭，一般用较大的树池种植高大乔木，如垂叶榕、无花果、散尾葵、蒲葵；也可用组合式手法造景，用多种花卉和观叶植物组成几何图案，如圆形、扇形、矩形、菱形等，创造出五彩缤纷的效果；或以山石、水池、瀑布、小桥、曲径，组合成优雅迷人、有动势的空间，来构成轻松的购物环境。

大型商业空间可利用耐阴的藤本植物，用悬挂方式形成垂直绿化，使之上下呼应，让整个内庭的绿色景观浑然一体，建筑与自然融为一体，达到消费者与自然亲合的境地（图 6-7）。商业室内公共空间，人与植物距离较近，人员流动量大，不宜选用有刺的攀缘植物。

图 6-7 某现代商场大厅

现代的商业空间人群密集，且功能多样，因此，人们需要明确的行动方向的提示，以消除无序的拥挤。层次分明、清晰的植物配置，能巧妙而含蓄地为人们的活动起到提示和指向作用。比如在大厅的出入口，空间变换的过渡处，廊道的转折处，台阶坡道的起止点，这些地方应加以强调，可以设置花池、盆栽作提示，栽种色彩鲜艳的观花、观叶植物，以重点绿化突出楼梯和主要道路的位置。也可通过盆栽或吊篮等组成花池、花径、花境等，来形成无声的空间诱导路线和指引。还可利用攀缘植物形成花屏风、绿墙、绿罩，形成半通透的分隔空间。

步行道连接各类商业专卖店及通道平台，绿化应注重装饰效果，鲜明生动富有吸引力。以矩阵的方式排列种植分枝点较高、耐修剪的乔木，如桂花、小叶榕等并配合设置坐椅，构成舒适的休憩空间。也可以固定或不固定花坛、花池等形式与坐椅、栏杆、灯具等景观小品相结合予以整体的设计。

在较宽的楼梯，可隔数阶置盆花或观叶植物，形成较好的节奏、韵律效果。在宽阔的转角平台处可配植较大型的植物。扶手、栏杆可用植物任其缠绕，自然垂落，在楼梯下部营造假山、花池、喷泉。

美国威斯康星州的梅费尔商业区，是拥有 25 年历史的购物中心，内庭四周装上了通透的玻璃悬墙，中心花园里，4 个网格状园圃里，栽种了具金黄色竹秆的天然龙头竹（簕竹属），顾客们可以在其中穿行，或从楼上俯视观赏。在走廊的交叉点处，安置了大型盆栽，栽种了高达 6m 的垂叶榕，花盆上铺设着藤蔓丛生的常春藤（图 6-8）。

茶座区、用餐区可利用盆栽树丛、花屏风、绿墙、绿罩隔离，创造若隐若现、相对私密的空间，保持茶座区、用餐区的安静和私密。其高度以人站立起来可透过树丛、

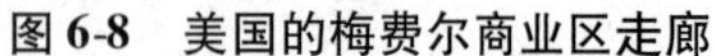
图6-8 美国的梅费尔商业区走廊

图6-9 茶座区

绿墙环顾四周为宜。如图6-9所示，该区域为茶座区，通过茶座区绿萝花箱排列形成矮墙，与外面通道分隔开来，形成较为私密的饮茶区域。

善用季节更迭和节日的来临掀起促销浪潮，是商家最常用的手段。与之配合，利用绿化形成别开生面的室内景观，亦会给商业营销带来意想不到的收获。如水仙花、迎春花等会给人早春的新鲜感受，银杏、菊花在秋天给人的辉煌，枫树类经霜染而呈现的美丽红色，都会使商业空间有多姿多彩的季节感受。

6.3.2 办公空间

办公室是现代人的第二居室，人们清醒的绝大部分时间都是在办公室。创造一个绿色的办公空间，表达公司美好形象，提高办公场所空气质量，使职工有归属感，有益于员工身心健康。

写字楼相对于购物中心来说，在室内绿化上有两个明显的优势：一是安全系数高；二是人员流动少。写字楼可选用的树种品种多样，植物与人的接触更直接。由于人员流动少，相对容易管理，对植物的意外伤害或破坏现象大为减少，这样更利于室内绿化，从而有利于为员工提供一个更加自然和谐的工作环境。

在国外的写字楼大多在现代建筑构成的通风、透光顶棚下的室内中庭中，竭尽各种园林之手段，营造大面积植物景观，并将公司的经营理念融于设计、装潢、艺术品和植物中，使公司大楼室内绿化脱颖而出，自成一派。

国内优秀写字楼中庭的绿化设计亦有典型的佳作。世界著名的美籍华裔建筑大师贝聿铭先生设计的中银大厦的内部（图6-10），建造了目前国内最大的大堂，大堂建筑面积3 200m^2，高达45m，像传统的四合院。设计力求在一个完全现代化的建筑环境中来表现中国传统建筑的神韵，在覆盖整个大堂的巨型钢架采光天棚下，把自然山水引入了院内，这是与西方庭院设置人工造景截然不同的做法。在大堂的中心部位设计了一个面积为240m^{2}的水池，清澈的池水象征着财富、生命，池中屹立着朴犷多姿的来自云南的石林山石。西、北两侧巨大的花池中，种有高大的毛竹，挺拔苍翠，生机勃勃。大堂西、北墙上联通办公门厅的圆墙洞，使人联想到江南园林粉墙上的漏窗。作为银行人流集散与交通枢纽的银行大堂，还给人们提供了一个休闲的场所。人们可以在大堂中间观赏景物，又可以穿过大堂到西单。大堂在三个方向的入口都设计了清玻幕墙，白天大堂很明亮，行人可以看到这个巨大的建筑内部有很大的空间，有很漂亮的花园。

图 6-10 中银大厦大堂

具有传统建筑风格的苏州日报社办公楼，运用中国古典园林的借景手法，通过内外景穿插，使别具特色的建筑物围绕、包容着三个庭园，处处有景、处处可借景，人在“园林”内办公。三个庭园的主庭园是苏式的，另两个为泰式和日式的，分别由苏州日报的友好单位泰国报业联合会和日本北国新闻社设计、赠送。

传统型的办公空间一般比较小，往往只是一个容纳 1~2 人工作的小空间，其绿化美化应以点缀为主，应根据室内主人的职业、性别、年龄、性格和爱好选择植物，绿量不宜过大，植物布置应简洁明快。办公桌上、茶几上、窗台前，放置一两盆观叶植物，如文竹。可在墙角设置角柜或花架，陈设一两盆垂吊植物，如洋常春藤等，显得飘逸生动。在较大的办公空间，可在墙角或沙发一侧摆放较大型的室内观叶植物，如散尾葵、棕竹或垂叶榕等。

现代化的大型办公空间往往内设板式办公设施，可分隔成若干的小区段。其中可容纳五人以上，乃至十多人、几十人工作。这样的办公空间的绿化设计，主要在带隔板式办公设施的通道间阵列式布置大型盆栽植物，其高度最好超过隔板的高度和人的身高，形成一定的绿色层界面，使人有置身绿色丛林的感受。在隔板的外侧，还可设计花槽，其中可以陈设盆花和藤蔓观叶植物，写字台上可以陈设小瓶插或微型盆景等，这样使整个办公大厅充满自然气息。

写字楼内的大型会议厅是一种可容纳上百人，甚至上千人的厅堂会议室，绿化的重点是主席台。主席台背后，可选择高大的棕榈科植物，如鱼尾葵、散尾葵、棕竹等，由高到低，成排摆放，以渲染会场气氛的隆重。主席台前，应布置得花团锦簇，如摆放杜鹃花、一品红等。主席台上可选择色彩鲜艳的插花，数量不宜过多，通常是平放于讲话人的左侧，其高度以不遮挡视线为宜。如是长条形主席台，还可多放几盆插花。

中小型会议室，一般设有一种长方形或椭圆形中空的圆桌。会议桌中心的空档处可稀疏摆放一些高档典雅的小型盆栽观叶植物或应时花卉，高度以稍高于桌面、不遮挡视线为宜。

6.3.3 宾馆中庭

自 1967 年约翰·波特曼的亚特兰大海亚特贵族饭店和旧金山波特曼海亚特码头饭店开始，人们把宾馆的中庭作为建筑物内的共享空间，并不断创新。天窗面积的扩大，玻璃嵌装业的进步为室内植物的生长提供了充足的光照，尽可能地将自然光和植物的宁静，流水的清爽，以及假山的复杂组合到一起，极力创造出一个近乎四墙之外的大自然的小自然，或者效仿千里之外的异国风光。在国内的一些室内设计经典作品中，也都竭尽园林之手段，在其庭中融入中国古建筑园林的基本元素如亭、台、楼、榭、桥，以及瀑布、喷泉、鲜花、绿树、园景灯等，给人们营造出一个亲近自然，轻松惬意的美好环境。

北京昆仑饭店四季厅是严整的六边形，面积约800m^2，高度为12~18m，穹顶覆盖大面积玻璃天窗，阳光明媚、四季常青。它运用现代雕塑和中国古碑林石刻相结合的设计方法，用整齐的长方形毛石叠砌成较规则的高低错落的造型。粗壮挺拔、互为烘托。石面镌刻有关昆仑题材的古今名家书法，潇洒飘逸，苍劲古朴。碑林四面碧水似镜，绿草如茵，树影摇曳，小桥流水，有景有情、情景交融，融现代建筑、雕塑、书法为一体，形成一个具有独特个性的现代室内庭园。

6.3.4 餐饮空间

酒楼、茶坊、咖啡厅、餐馆是现代城市重要的组成部分。餐饮空间具有很强的文化特征。"饭后茶余"的休闲有益于人们的身心健康和交流，这类空间的氛围，大多可以运用一些园林的手法，创造出一些幽深和情趣。

酒楼的大厅，一侧宜为通透的落地式玻璃窗，使室内外的景观相呼应。厅堂内可布置假山、小瀑布、水池、青砖淌水墙、涌泉或小山滴泉，饲养观赏鱼。在池畔建微型花园，各种应时鲜花常开，与厅内的彩灯交相辉映。

楼前、楼旁和楼后的水池、小花园路径等空闲地方，形成美丽壮观的绿亭和绿色长廊，宾客可在亭中或廊下休息，别有一番大自然的野趣。

中国的茶馆，历史悠久，蜚声海外。演绎茶道的，于茶馆之外，尚有茶楼、茶苑、茶园、茶厅、茶室等诸多店号。以茶为媒，人们于此间约会，商谈，低吟，浅唱。宾客一方面享受饮品，更意在享受优雅恬静的环境。适合于清幽、静雅、恬淡、舒适的现代茶坊的花木，则以梅兰竹菊为上品。如在中国随处可见的梅苑、竹苑、兰苑、菊苑。庭园中遍植四君子，室内陈列精美的树桩盆景和山水盆景，厅角营造假山喷泉，茶桌上置有名贵兰花或应时花卉，真有身处自然山野之感受。如成都城隍老妈四楼调坝茶社（图6-11），以"一壶茶品人世沉浮，万卷书看苍生百态"为主题，营造老成都茶馆文化趣味，并有蜀中传统茶艺、曲艺表演。茶社内饰以金属镂空版《三国演义》、老虎灶以及读者、瞌睡者、掏耳朵者等写实雕塑，表演台取意竹林、石井、桃李树等，尽显一派悠然自得的意境。

图6-11 成都城隍老妈茶社一角

现代城市中，园林的种种手段也被广泛应用到风格各异的咖啡厅、餐馆的室内设计中，来营造充满绿意的休闲空间。深圳老大昌酒楼是上海老字号酒楼，为再现老上海魅力，将其进行了装修改造。为配合室内的古典风格，引用了中国古典园林的叠石理水等造园手法，将原有的西侧大玻璃封掉，改成青色纹石的淌水斜墙。潺潺的流水声既给古朴的空间带来了生机，又使人想起如水流逝的往昔岁月。

6.3.5 候机大厅

作为拥有一流设施、一流技术、一流管理和一流服务的现代化大型国际机场，应该充分贯彻“以人为本”的现代理念，把室外的绿色引入室内，为旅客们营造方便、舒适的候机环境。

机场内的等候场所为机场的主体，具有等候、休息、餐饮、购物等功能。建筑空间结构多样。如图6-12，为萧山机场行李提取等候处，为弥补墙壁空白，采用垂直绿化的方式建设绿色景观墙，打造立体的室内绿色森林。

上海的浦东机场从上空眺望，像一只盘旋在长江入海口展翅高飞的白鸽。机场大厅，不见一根梁柱，整齐光亮，异常宽敞。用来支撑框架的是上空无数悬空的白柱，像满天的星星，又像优美的音符。大厅里散置在各处的大型植物盆栽，生机盎然，通透的玻璃幕墙使室内外空间相互交融，把室外绿色的生态环境引入室内，创造室内优美的候机环境。

图6-12 萧山机场行李提取等候处

营造机场外的大片绿地，为进出港的旅客提供良好的视觉欣赏，这是现代机场绿化的重点和特色所在。海南省海口美兰机场外的绿地以其独特的构思与海南岛的海水、阳光、气候、植物等构成了这里别具一格的热带风光。进场公路作为旅客进出机场的唯一通道，根据旅客在车辆中观景的特点，在绿地地形处理上有意形成一个内低外高的坡度来加强视觉效果。以粗壮挺拔的油棕作为两侧背景树，内侧以不同颜色低矮灌木组成一条宽窄不等，蜿蜒曲折的色彩镶嵌在绿化如茵的草坪上，如同一条色彩斑斓的彩色飘带，轻柔飞舞，给人以美的享受。这样的园林式绿化群落随处可见，充分体现出了海南独特的椰风海韵景观，使旅客一到机场就对海南留下了强烈的第一印象。

6.3.6 住宅空间

与过去的文明史相比，人类今天的居住条件已大有改善。照明、供热、管道输送和采光条件的改善给我们提供舒适的居住空间。同时在居室内点缀绿色植物已成为高度文明的人们的一种时尚。

（1）客厅　客厅是接待客人或是家人团聚的场所，还兼有多种功能。所以绿化既要有浓郁、盛情的接待气氛，又要力求朴素美观、不宜过分复杂，应抓住重点，视客厅的大小、格式、家具与墙壁的色彩，选择适合的植物和容器。

客厅内植物的放置，须注意不要妨碍人们走动的路线。一般在大客厅的角落或沙发椅的旁边，放置大型的或中型的观叶植物，如苏铁、橡皮树、龟背竹、龙血树；小客厅只能放置小型植物，也可利用壁面装置美观的几架，以蔓性植物常春藤、蔓绿绒、鸭跖草等来装饰，在小客厅的角落、电视机的周围，就可摆设四季不同的小型植物，如彩叶草、秋海棠等（图6-13）。

在客厅的桌边或壁橱顶上放置小型的盆花或插花，或凤梨类、竹芋类观叶植物，形成西洋风格。

无论是大客厅，还是小客厅，放置的植物种类不宜太多，否则显得杂乱无章。一般国外住宅和我国一些高级宾馆的客厅或卧室，朝南面大多是大型的透明落地窗，拉开窗帘，窗外的景色一览无余，我们可以在窗边设置一两盆盆栽观叶植物或盆花，在窗外阳台屋檐下吊两盆色彩鲜艳的季节性开花吊篮，窗外的阳光透过玻璃，使房间里显得温馨而亮丽。

（2）书房　书房布置要求清净、雅致、舒适，一般宜配置小型盆花或小山石盆景。如可在书桌上放置一盆轻盈、姿态文雅娴静的文竹；书架上或书橱上角也可以摆一盆“空中花卉”吊兰，增加书房的文雅气氛。春节期间，摆放一盆水仙花，阵阵清香，富有情趣。书房不宜摆放大型的鲜艳盆花，颜色太浓，会扰乱人的注意力，也与书房气氛不协调。

（3）卧室　卧室需要宁静和舒适，要使人有轻松感，一般宜布置小巧、柔软、清淡叶色的植物，如蕨类植物、文竹。即使喜欢放置季节性的开花植物，也宜少、小（容器）、花香清淡。

（4）餐厅　餐桌上一般宜配置一束淡雅的插花。在桌面的玻璃板下，放几朵美丽的干压花，也富有情趣。如餐厅较大，可在餐厅中心位置放置大型瓶插。在餐厅的窗前、墙角或靠墙，可以摆放各种大型观叶植物，如散尾葵、巴西木、春羽等。某些大型宾馆餐厅，还可布置一些吊篮（如鸟巢蕨、绿萝等），与灯具相呼应。

图6-13　某样板房客厅布置

图6-14　乌镇公共厕所内布置

（5）浴室、卫生间　一个国家的文明程度，往往体现在我们认为最可忽略之处，如浴室、卫生间（无论是公用还是私人住宅方面）。此空间的绿化，比较好的做法是在离洗手钵、浴缸稍远处布置一小盆干花，幽幽的清香使人感觉非常斯文，或置于镜前一支小的瓶插，也富有情调。或者结合假山，并在假山上种植吊兰、绿萝等植物，满足洗手功能的同时，增添欣赏情趣（图6-14）。

6.4　阳台及窗台、外墙、屋顶的绿化

进行建筑物的外围绿化，连接室内外绿色景观，有利于烘托宁静、清新的室内空间，将建筑与自然融为一体，既可独立成景又可与其他要素结合创造出各种景观。

6.4.1　阳台及窗台

阳台、窗台是室内空间的扩大部分，属于对建筑物立面起装饰作用的建筑构件，也是与外界沟通的一个窗口。阳台还可以成为人们户外休息、聚谈，甚至就餐的场所。进行阳台、窗台绿化，是人们陶冶情操、美化及改善居室环境的一个重要方面。

（1）设计原则　根据阳台特点和植物生态要求配置植物。阳台由于空间小，背靠水泥墙壁，环境近似于拆除了对外窗户玻璃的房间内的状态。与室外植物比较，植物不淋雨水、不沾露水，也不会遭受霜害。但是，阳台具有光照强、吸热多、散热慢、蒸发量大等特点，再加上植物种植在容器里，土少，营养面积较小，所以宜选择生长健壮、抗旱性强、根系水平方向发展、管理方便的小型植物。

要根据阳台的朝向选择观赏植物。南阳台应选择喜阳花卉，北阳台选择耐阴花卉。阳台顶板下和内墙壁面处不易照到阳光，可选择耐阴的室内观赏植物。在近栏杆的外侧可栽种喜光观赏植物，还要做到适时开花不断，常年香气袭人。

应充分考虑阳台的负荷，从安全考虑，切忌配制过多过重的盆槽。阳台种植器一定要牢靠，以免被大风吹翻落地而损坏花盆，甚至砸伤行人。栽培介质要尽量轻。

阳台绿化的材料及植物栽种要与阳台建筑形式协调，并注意与整幢建筑物的调和，以展示阳台园艺装饰美。

尽可能利用栏杆、壁面、顶部等进行绿化装饰，丰富绿化层次，同时要节省阳台地面，供放置桌椅、休息纳凉之用。栏杆上的花卉布置不应太多太杂，宜以两三种时令草花或藤蔓植物作点缀。

（2）种植土　在阳台所设的固定式种植槽、池中，应采用人工合成的各类种植土，因其含有植物生长所必需的各种营养，可以延长种植土的更换年限。种植槽、池底部必须设置排水孔洞，在槽、池底放置种植土前，应在槽底先放一层粒径大的沙石或陶粒，可存水又便于植物根系通气。

（3）阳台的绿化设计类型

镶嵌式　一般在已装修且面积较小的阳台使用，方法是利用墙壁镶嵌特制的半边花瓶式花盆，用其栽植观赏植物。

悬垂式　一是利用壁面、阳台顶棚或顶部屋檐，悬挂盆栽的藤蔓植物，如洋常春藤、长春蔓、吊兰、紫露草等，枝蔓下垂，形成一层绿色的帘蔓，饶有趣味。二是在阳

台栏沿上悬挂小型容器，栽植藤蔓类植物，使其枝叶悬挂于阳台之外，美化围栏和街景。

阶梯式　利用立体化的花盆架放置植物，并列在一起。靠内墙可竖立博古架或多层花架，陈列盆花或盆景。也可在阳台尽头放置阶梯式花架或普通花架。也可将盆架搭出阳台之外，向户外要空间，从而加大绿化面积也美化了街景。

藤棚式　在阳台设立棚架或屏风架，使常春藤、茑萝、金银花、蔓蔷薇、葡萄、瓜果等蔓生植物的枝叶牵引至架上，形成荫栅或荫篱。这种活屏风还可以设立在阳台西墙防止西晒。也可不设棚架，让藤蔓植物沿阳台栏杆攀附。

附壁式　通过种植爬山虎、凌霄等木本藤蔓植物，绿化围栏及附近墙壁。

日光式　使用玻璃板隔成封闭阳台空间，形成温室效应。在日光室中创造热带丛林景观。在不同的季节里，应将各种植物予以调换，经常保持新鲜的气氛，让人感受到大自然美丽而变化的绿色。

综合式　将以上几种形式合理搭配，综合使用，也能起到很好的美化效果。

窗台的绿化也要选择叶片茂盛，花美鲜艳的植物，使花卉与墙面及窗户的颜色、质感形成对比，相互衬托。

6.4.2 外　墙

进行建筑外墙绿化，有利于烘托室内空间，软化建筑的生硬轮廓，增添生机。

对于粗糙的水泥拉毛墙面，可在墙下种植带有吸盘的藤本植物，如爬墙虎、五叶地锦、常春藤、扶桑、薜荔、凌霄、络石等，使之爬在墙上成为自然的墙罩；也可以采用垂直绿化技术将蕨类植物、多肉类植物以及苔藓固定于墙面，形成色彩丰富、形式多样的墙面绿化效果（图6-15）。相比于藤本植物攀爬形成的外墙绿化而言，后者绿化需要更多的水分管理。如美国纽约第五大道200号大楼的外墙，种植藤蔓植物攀附固定绳索，形成外墙的绿色板块，增加外墙的绿量，丰富了景观立面（图6-16）。

图6-15　某建筑墙面绿化

图6-16　纽约第五大道200号建筑屋顶与墙面绿化

白色的粉墙边外围可配置有色小乔木或灌木类，如红枫、山茶、杜鹃、枸骨、南天竹等，使红花绿叶、红叶红果等构成美丽的图画跃然墙上；也可选用一丛芭蕉或数枝修竹，构成雨打芭蕉或雨后春笋的画面；还可在围墙前作些高低不平的地形，将高低错落的植物植于其上，使墙面若隐若现，产生远近层次延伸的视觉。如是黑色的墙面，则宜配植开白花的植物，如木绣球，使硕大饱满圆球形白色花序明快地跳跃出来。

对于一些低矮的花格围墙外围，宜选用草坪和低矮的花灌木和宿根、球根花卉，以不遮挡墙面的造型。可在墙面或花格上设置花池、盆花等让其高低错落，形成景观。或用紫藤、凌霄、常春藤、木香等藤本植物进行垂直绿化，美丽的花木翻越墙头，美化了建筑外围环境。

墙隅的线条生硬，宜通过植物配植缓和。如将观花、观叶、观果、观干等植物成丛配植，也可略作地形，竖石栽草，再配一些花灌木组成景观。

另外，在建筑或庭园的外围常用珊瑚树、女贞、黄杨等木本植物篱植并形成墙的效果称为树墙。树墙和砖、石、水泥墙一样具有分隔空间、防尘、隔音、防火、防风、防寒、遮挡视线等效果，而且管理方便，经久耐用，可创造生动活泼的造型，具有独特的景观效果。

6.4.3 屋 顶

进行屋顶绿化，亦有利于软化建筑的生硬轮廓并与城市绿化融为一体，给建筑带来生气。它能降低太阳辐射带来的屋面高温，改善屋顶眩光，增加绿色空间与建筑空间的相互渗透，并具有隔热和蓄雨水等作用，而且也是很好的休息游览区（图 6-17）。

早在公元前 6 世纪人们就已经把绿化搬到了屋顶形成了空中花园。近十年来，由于现代城市环境问题日益突出，屋顶花园得到了迅速发展。20 世纪 60 年代以后，西方发达国家相继建造各类规模的屋顶花园和屋顶绿化工程，日本东京明文规定新建筑占地面积只要超过 1 000m^2，屋顶的 1/5 必须为绿色植物所覆盖。近年来，国内如北京、广州、上海、成都等城市已经对屋顶进行开发，一些城市已把城市楼群的屋顶作为新的绿源，如北京的长城饭店和广州东方宾馆都建有具有中国园林特色的屋顶花园，亭榭相依，花木争辉。

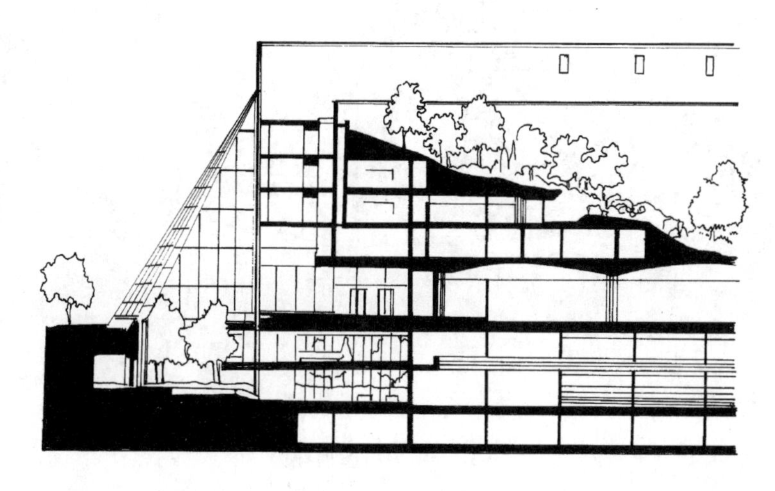

图 6-17 屋顶花园

城市屋顶绿化，应根据绿化实地的自然环境条件、楼房设计、楼层结构，以及屋顶的载荷能力、植物的生态习性和人们对绿化的要求等，进行合理的规划设计。建筑设计部门，在对楼盘总体建筑设计时，就应该把屋顶绿化纳入总的设计方案。屋顶可利用面积基本与楼房建筑占地面积相等。但由于要考虑房屋的采光、通风、朝向和安装给排水、电缆、电线管道等因素，屋顶绿化的空间和条件十分有限。因此，对于屋顶的绿化设计就更加显得重要。所以，要请建筑师、园林设计师一起来设计，或者通过建筑部门，提供楼房屋顶的载荷能力、设计资料，由园林设计师进行绿化设计。

屋顶花园中的绿化布置形式有多种多样，除与房屋建造同时设计、同时施工外，还可采用盆栽、垂挂、平铺等形式。在较小的屋顶可用盆栽，可在屋顶外围适当栽植藤本花木如凌霄、木香、野蔷薇、紫藤等，使其翻越女儿墙，垂挂在屋顶外面，加强庭园建筑的绿化气氛，也美化了街景。为了创造景观可以用草坪及小花灌木进行全面铺装，形成绿色基调或创造一定的水池、假山、亭、廊等景点。在较大的屋顶，为了分隔空间也可以在屋顶中用女贞、冬青、珊瑚等种植绿篱，或用廊架配以藤本植物借以区分；为了免遭风害，绿篱及廊架都不宜过高，最好方向与当地主风方向平行一致。

由世界著名桥梁设计师、法国工程院院士米哈主持设计的北京中关村广场的“空中花园”，是目前亚洲最大的屋顶花园。中关村西区高科技企业密集，土地资源奇缺。为在寸土寸金之地建起一块大型景观绿地，采用了屋顶花园的园林形式，在 5 万 m^2 的屋顶和建筑之上打造一块楔形的绿地，形成多层面的不等高阶梯式屋顶花园。在覆土 3 m厚的屋顶上，栽植了油松、雪松、白皮松、圆柏、法国梧桐、银杏、千头椿、玉兰、樱花等树种和铺设草皮（图 6-18）。建成的屋顶花园拥有一个大型的音乐灯光喷泉，水面面积超过 1 000 m^2，喷泉中的擎天柱高达 50m。园内喷水池环绕，花团锦簇，总面积 10 万 m^2。空中花园的弧形钢结构平台，高出地面 11m，横跨中关村广场主要交通道路。

图 6-18 中关村屋顶花园

复习思考题

1. 室内景园的类型有哪几种？
2. 利用植物组织空间的形式有哪些？
3. 室内绿化设计（任选一题）：（1）某宾馆大厅绿化设计；（2）某现代商场主楼梯绿化设计。设计手法不限。做效果图、平面图，附植物列表和文字说明。

7 室内绿化植物的繁殖与栽培养护

【本章重点】 无性繁殖的基本概念；无性繁殖的几种方式；组织培养的基本概念。

7.1 繁 殖

7.1.1 有性繁殖

有性繁殖又称种子繁殖或播种繁殖，是通过花的雌雄性器官融合形成的种子繁殖后代，为植物繁殖最常见的基本方法。优点是操作简便，1次能获得大量幼苗，并生长健壮，对环境适应力强，有利于引种驯化和定向培育，或获得新品种。常用播种繁殖的观赏植物有文竹、天门冬、彩叶草、旱伞草、君子兰、袖珍椰子、棕榈等。但有些室内观赏植物品种播种后的实生苗容易受环境的影响而改变原品种固有的性状，如花叶八角金盘和三色虎耳草的播种苗长大后，花斑、色斑消失，失去了原有的观赏价值，对这类观赏植物不宜采用种子繁殖。

7.1.2 无性繁殖

无性繁殖又称营养繁殖，是利用植物的营养器官如根、茎、叶等来繁殖新个体。营养繁殖的方法很多，常用的有分株、扦插、压条、嫁接等方法。

(1) 分株繁殖 分株繁殖是将观赏植物基部的萌蘖（又称蘖芽）、根茎或球茎、块根、匍匐茎等从母株上分割下来，另行培育成新植株。如广东万年青、一叶兰、吊兰、兰花、鹤望兰、白鹤芋、花叶芋、网纹草、竹芋、海芋、旱伞草、文竹、八角金盘、棕竹、虎尾兰、石莲花、芦荟、十二卷、仙人球、蕨类等。吊兰从走茎上萌生小植株，凤梨类、花叶万年青及景天、石莲花等多肉植物，常自茎部生出吸芽，在其下部自然生根，可于早春挖取另行栽植（图7-1）。

（2）扦插繁殖 扦插繁殖就是利用植物具有的再生能力，从母株采取植物的一部分，促使其发根，培育新植株的一种繁殖方法。依采取的部位不同，又可分为叶插、茎插、根插、芽插等。

叶插 依植物发芽部位的不同，取叶稍有不同。如秋海棠类，可自叶脉部位发生不定芽。所以将全叶取下，以叶脉部为中心，呈放射状切成数片，插于花箱或花盘等备好栽培材料的容器内（图7-2）。

可将虎尾兰的一个叶片分切成数段，每段6～10cm，分别进行扦插，使每段叶片形成不定芽（图7-3）。

茎插 又称枝插繁殖，即选取植物枝条的一部分作插穗，扦插在发根条件好的插床或容器内，促其发根长成新植株。这是观赏植物栽培最常用的一种繁殖方法。

为了获得优良的新植株，一定要选取生长健壮的枝条进行扦插。如朱蕉（图7-4）、冷水花、爵床类、灌木类的秋海棠，可以选取新梢2～3节，并带有2～3个叶片的枝条为插穗；常春藤、黄金葛、蔓绿绒、鸭跖草等，可切取先端3～4节为插穗，也可利用中段切成2～3节为插穗；南天竹、松柏类插穗下端宜附有老枝的一部分（称为带踵插

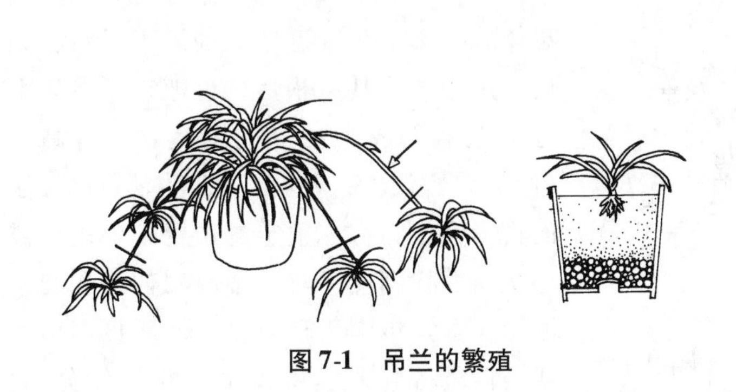

图7-1 吊兰的繁殖

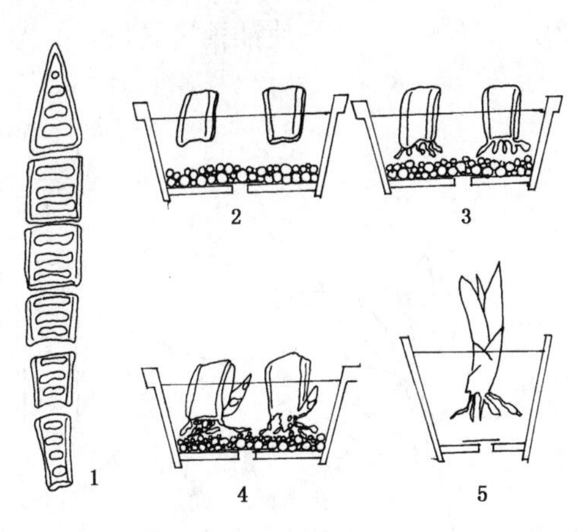

图7-3 虎尾兰的叶插

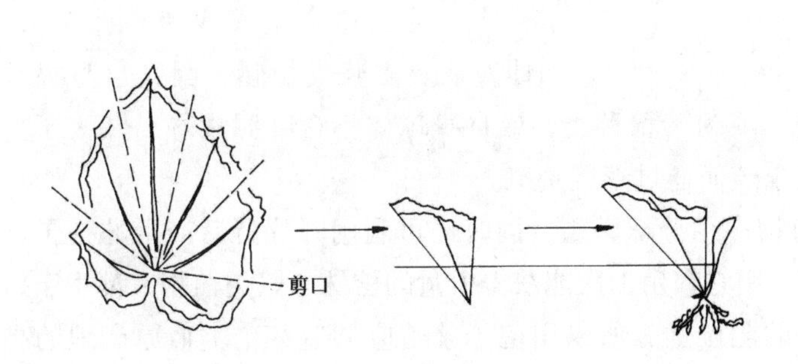

图7-2 秋海棠的叶插

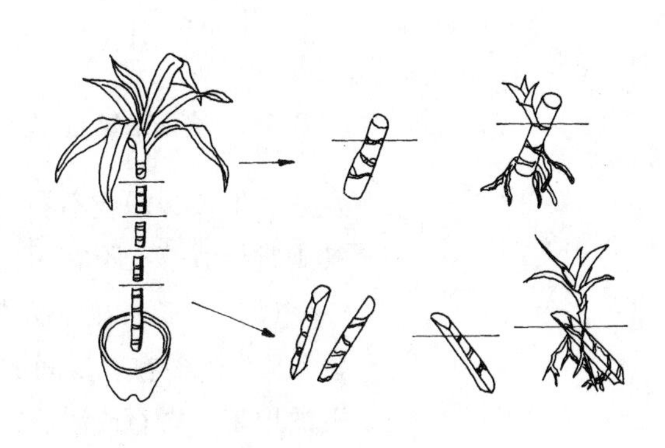

图7-4 朱蕉的茎插

穗)，下部的分枝含有养分较多，易生新根；橡皮树、冬青、天竺葵等常切取一芽附一叶作插穗，插入沙床中，其深度仅露芽尖即可；变叶木、花麒麟等当切取插穗时，常自切口处流出乳液，一旦汁液干缩，阻塞切口，就会妨碍水分上升，所以必先洗净，再行扦插；多肉植物，如景天类，剪取插穗后应使切口干燥数日，可减少腐烂。多数观叶植物宜随采随插，以保持插穗新鲜状态，提高生根率。在插穗生根期间，必须经常保持插床的适宜湿度，但不可过湿，否则插穗基部易于腐烂。

根插　切取地下部分肥大的根茎，切成长 1~2cm 为 1 段，横埋或斜插，或直插于沙床上，促使其发根、发芽长成新植株。

无论是何种扦插方法，生根是扦插成活的标志，而插穗生根主要依靠自身的营养和外界适当的环境条件，所以采取发育充实健壮的茎枝扦插，发根率高。为了加速和提高发根率，增加发根的数量，可用植物生长激素来处理插穗。植物生长激素的种类很多，栽培中常用的有：吲哚乙酸（IAA）、吲哚丁酸（IBA）、萘乙酸（NAA）3 种，对促进茎插生根有显著效果。生产上应用的方法有多种，如粉剂处理插穗，或液剂处理，对母本进行喷射或注射，也有对扦插基质进行处理。在观赏植物栽培中，多用液剂和粉剂处理。

通过使用喷雾繁殖法，在插床上安装自动间歇喷雾装置，使叶面上的湿度保持在近 100%，在直射光强烈的季节，既能降低叶面温度，又能抑制水分蒸发。这种装置能使插穗接受较多的光照进行同化作用，促其发根较快，大大提高了扦插成活率。

(3) 压条繁殖　压条繁殖是将未脱离母体的枝条，在接近地面处堆土或将枝条压入土中，待其生根后，再把它从母体上分离上盆而成为独立的新植株。有高压（图 7-5）、低压、堆土压几种方法。高压法的具体操作为：在预定的位置略伤表皮或环状、舌状剥皮，而后用湿润苔藓和肥土混匀，紧紧包围于环剥处，外面再用麻类或塑料袋等包扎，待发根后与母体分离，除去包扎物，上盆培植。

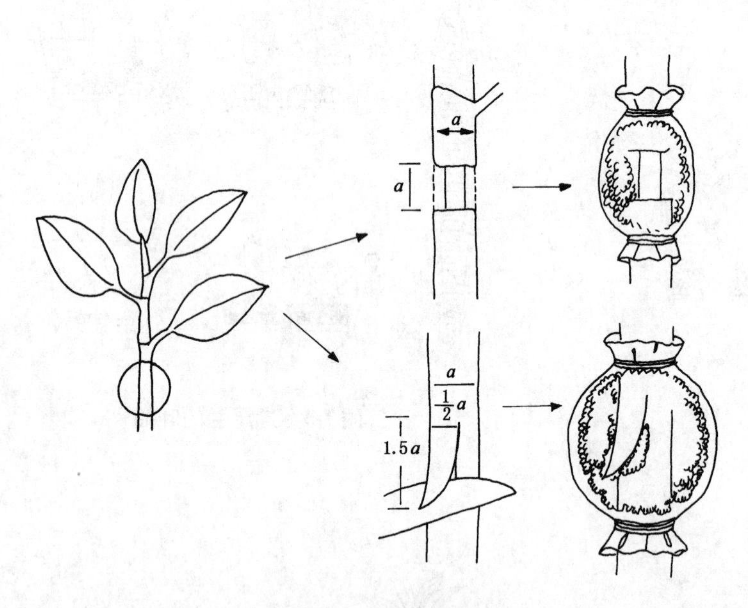

图 7-5　高压法繁殖

(4) 嫁接繁殖　嫁接繁殖就是将优良母本植物的枝或芽（称为接穗），嫁接到遗传特性不同的另一植物的茎或根（称为砧木）上，使其愈合生长成为一棵新植株。如仙人掌及多浆类植物，因其自身根系不发达，生长缓慢或不易开花，或为珍稀种类，或自身球体不含叶绿素等以及为了提高其观赏价值等，不宜用他法繁殖而通过嫁接繁殖。

(5) 孢子繁殖　蕨类植物多用分株繁殖，同时还可利用叶片背后产生的孢子进行繁殖。孢子多在春夏间成熟，用它繁殖 1 次能获得大量的植株。蕨类植物大都生于树荫下的地表、岩石或溪流旁边的阴湿地，所以用孢子繁殖应创造一个类似原产地的高温高湿的荫蔽环境。

（6）组织培养　组织培养是指应用无菌操作方法，在人工控制（包括营养、激素、温度、光照等）的条件下，培养植物体的一个离体器官、组织或细胞，而产生一个完整的植株的过程（图7-6）。

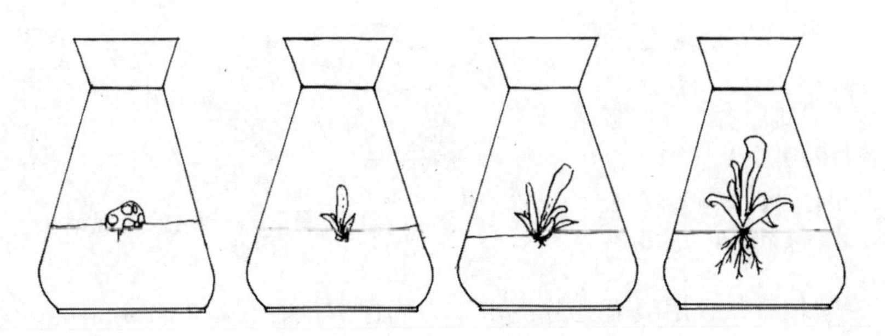

图7-6　外植体到成苗的过程

经过多国科学家80多年的辛勤探索，现在许多植物的器官、组织或细胞都能离体培养成功，还能从细胞的一部分，甚至没有细胞壁的裸露的原生质体中，再生出无数的小植株。

组织培养有利于无性系的快速繁殖，可以在较短时间内得到大量规格统一的苗木。如花叶芋常规繁殖每年仅几倍到十几倍，组织培养则每年可繁殖出几万至数百万倍的小幼苗。这对珍稀、优、新品种是非常有价值的快速繁殖方法。目前用于快速繁殖的观叶观花植物有数百种，如月季、菊花、牡丹、花叶芋、龟背竹、竹芋、山茶、各种兰花等。

7.2　栽培与养护

从播种、扦插、嫁接等繁殖方法获得的幼苗，须经过上盆、换盆、施肥、浇水、防治病虫害等一系列的栽培措施，精心养护，才能培育出生长健壮、观赏价值高、令人满意的观赏品种。

7.2.1　上盆、换盆、转盆和松盆

（1）上盆　扦插苗生根后或播种苗长出几片真叶后，栽入适当的花盆中，称上盆。具体操作步骤是：

选盆　按幼苗大小选取相适宜规格的容器，以素烧盆为佳。用瓦片凹面向下将盆底排水孔盖上，但不能完全盖住，应留有孔隙以便排水（图7-7）。然后将培养土放入容器中，先在盆底填入少量较大的或粗的石粒、粗砂、蛭石，其上再覆一层培养土，以待栽苗。

栽苗　将苗木根系展开，植于培养土之中，再向盆内填土或其他栽培介质至幼苗的适当位置。栽培不宜过深或过浅，然后填土于盆内四周，以指压紧，但不可将根部压得过紧，如果压得过实，栽培介质之间没有空隙，会影响通气和排水，从而影响根的呼吸（图7-8）。栽后可将盆提起，向地面轻轻碰几下，让根与土密接，苗木不倒斜即可，如果栽培材料是一些容易干燥的物质，如沙、珍珠岩等，可在表面覆盖薄层苔藓。

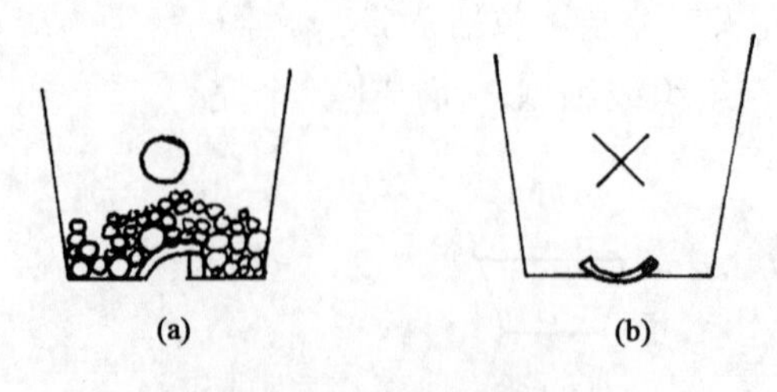

图 7-7 瓦片的摆放

(a) 底部瓦片的摆放需留有孔隙，以利排水

(b) 完全盖住，排水不良

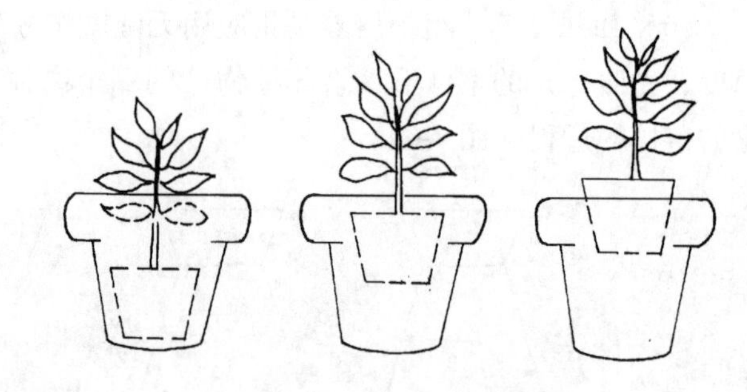

图 7-8 栽苗的合理深度

栽后管理 栽植后，宜用喷壶充分浇水，为确保成活，视枝叶萎蔫情况，暂置阴处数日，因为刚栽的幼苗，根系有一段“缓苗期”，在根系尚未缓过来，即未适应新的环境之前，地上部分与地下部分的水分代谢平衡未恢复正常，如果在直射强光下容易引起叶的萎蔫，所以需要遮光，并在叶面喷雾或洒水来加以保护。

（2）换盆 是指将栽植在盆中的植株移入另一盆中。盆栽观赏植物在盆内生长一段时间后，随着幼苗的长大，根系充满盆内土壤中，甚至伸出盆外，而使生长受到限制，此时需要由小盆换到大盆中，或者由于生长在原盆中的土壤或其他栽培介质的理化性质变劣，养分缺乏，植物须根滋生过多，需要换盆土，增施基肥。换盆通常在春季植物生长开始前进行。如有适合的温室条件，则一年之中随时均可进行。结合换盆对苗木进行适当整理，用竹签或剪刀去除衰老、腐烂的根系或变质的栽培材料（图 7-9）。

图 7-9 换盆时对苗木根须的处理

换盆后，须保持土壤湿润，第一次应充分浇水，使根部密接，换盆后的数日内切不可使土壤干燥，但也不宜过多浇水，须精心护理，待新根生出后，视植株生长情况，逐渐增加水量。一般换盆间隔期为：小盆观叶植物每年换盆 1 次，较大规格的可 2～3 年换盆 1 次。

（3）转盆 盆栽植物如果在室内同一地点、同一方向放置时间过长，由于受光不均匀，植株会偏向光线射入一方，为使观赏植物永远保持美观、匀称，防止植株偏斜一方，应在相隔一定日数后，转换盆的方向。如室内光线自四方射入，植物无偏向一方生长的情况，则不必进行转盆。

（4）松盆 盆栽观赏植物的盆土，需要经常用小铁耙子或竹签进行松盆，使盆栽材料保持疏松，空气流通，同时也便于浇水和施肥，有利于植物生长。

7.2.2 施　肥

植物生长需要各种营养元素，除了天然供给的氧、二氧化碳和水以外，还有氮、磷、钾、硫、钙、镁、铁等，这些可以从栽培介质中吸取，但氮、磷、钾需要量大，由于栽培介质中不能满足植物生长发育的需要，所以需要施肥，以补充土壤中的不足。合理的施肥可以促进观赏植物生长发育，这是观赏植物栽培中的一项重要的管理措施。

(1) 施肥基本原则

少施肥　室内观赏植物一般不追求生长量，只要不出现黄叶、斑叶即可，所以对肥分要求不高，施肥要“宁少勿多”。施肥量过大，容易“烧根”，造成植物叶片泛黄或萎蔫。一般已成型的观赏植物，均可以浇清水为主，只有在生长期施1~2次薄肥即可。绿萝、龟背竹、合果芋和喜林芋等可以在1~2年时间不施肥，仍然长势良好。在盛夏和严冬时应停止施肥。

恰当施肥　以观叶为主的花卉，在生长时期应以氮肥为主，氮、磷、钾的比例为3∶1∶1。但因种类不同，对肥料的需求也不同。对于叶面上有斑纹花点的观叶植物，不可过多施氮肥，否则叶片中的绿色成分增加，彩色部分减弱，影响观赏价值。

施腐熟肥　施用有机肥时，不论是固体肥料还是液体肥料都必须在施用前进行发酵腐熟，否则会在盆中发酵产生热量灼伤根系，同时也有碍环境卫生。施肥前最好松一次土，防止肥液中的有效成分积存在盆土表面而不能随水下渗。浇灌肥液时不要将肥水滴溅在叶片上，以免影响观赏效果。

(2) 施肥方法

基肥　一般在上盆或换盆时施入盆土中，以便不断地供植物生长需要。

追肥　是指在植物生长发育阶段施肥。追肥浓度都比较低（0.1%~0.5%），一般使用无机肥。追肥宜在傍晚进行，施肥后第2天再浇一次清水，防止肥害。追施固体肥时应远离茎干，施入后浇水。

7.2.3 浇　水

适当的供水量是植物正常生长和发育的重要保证。水分供应过量，土中的空气被水代替，根系会因缺氧而窒息，叶子发黄甚至死亡。水分供应不足也会使叶片萎蔫，因此，浇水必须适时适量。

(1) 影响浇水量的因素　不同种类的观赏植物对浇水量的要求有所不同，一般湿生观赏植物多浇，如蕨类、兰科植物、秋海棠类，要求丰富的水量，尤其是蕨类植物，常将容器置于水盘中。旱生观赏植物应少浇水，如盆栽仙人球，注意少浇水，以盆土见干见湿为宜，盆土积水易烂根死亡。

植物生长周期的不同阶段对浇水量的要求有所不同。一般在生长期应逐渐增多浇水量；随着气温的下降，植物生长停止，进入休眠时，浇水量就要控制、减少，甚至中止。在植物幼苗期间，应用喷壶喷水或将盆浸入水盘中来湿润较为安全。也可以选择智能花盆，通过控制器，设定定时浇水量与浇水时间，保证植物健康成长（图7-10）。

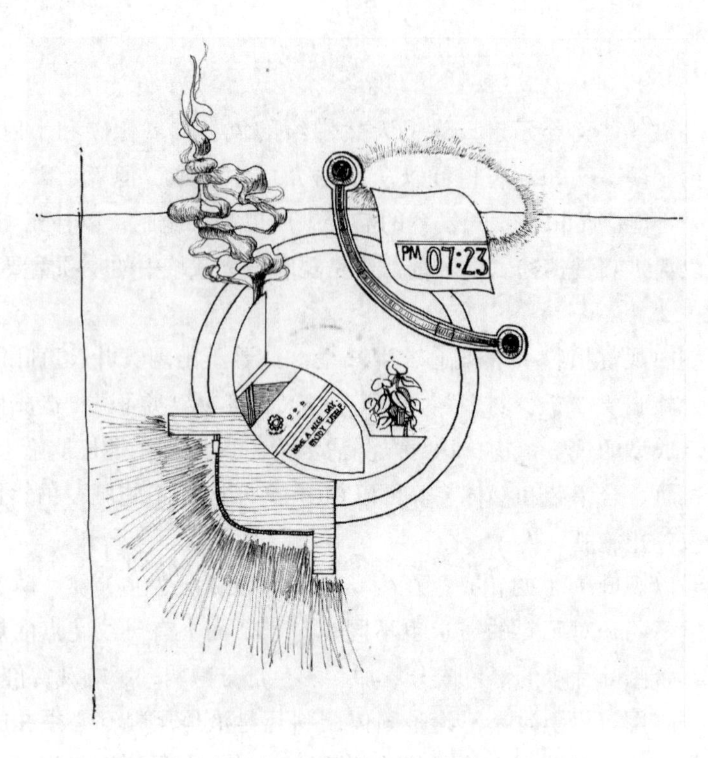

图 7-10　智能控制系统花盆

盆栽植物放置的位置不同也可影响浇水量。置于阳光充足、通风良好的环境，因水分蒸发快，消耗水分多，浇水量和次数相应增加；反之，则应相应减少浇水次数和浇水量。

人们在实践中常根据盆土干湿情况来决定浇水量，如用手触及盆土来判断干湿情况，当盆土干燥时，整个土面发白，重量变轻，硬度增大，说明缺水，应及时多浇些水；如盆土湿润，手揿感觉松软，湿润盆土颜色呈黑色，重量沉实，则暂时不浇水。总之，浇水的时间、次数以及浇水量必须根据具体情况而定。每次浇水都要浇透，不能浇"半截水"，即上层湿，下层干，否则会使根系吸收不到水分。

（2）水质和水温　观赏植物对水质和水温也有一定要求，浇水时必须注意。水质以软水为宜，如自然降水，包括雨水和雪水，硬度低，杂质少，酸碱度适中；硬水如井水，硬度大，矿物质含量高，含有多种杂质，不宜直接用来浇灌观赏植物。

水温应尽量与盆土温度接近，水温太低，对植物根系生长不利，一般先将水存放在贮水池或水缸里，几天后待水温与气温、土温接近时再使用。这样比较安全可靠，可保证植物生长正常、健壮。城市自来水含氯量较高，水温也低，应先贮存数日，使氯挥发，再用来浇灌。浇水要适度，不可少而频，也不能太多，一般以盆底渗出少量水为宜。

7.2.4　病虫害及其防治

室内观赏植物病虫害的防治，主要以预防为主，综合防治，同时加强抚育管理，创造良好的植物生态环境，促使植物生育健全，提高其自身的抗逆能力。

所有入室的植物，应该进行严格的检查，选用适应性强的抗病品种或健康植株，并定期检查，及时处理和防治，防患于未然，这样可以减少植物受害程度。经常保持室内清洁卫生，通风透光，可使观叶植物保持翠绿、新鲜，有较高的观赏价值。如果发现有轻微的病叶或少量的蚜虫、螨类、蚧虫危害时，应及时用物理方法进行处理，如人工修剪，去除病叶，或用肥皂水冲洗，而后再用清水冲洗或以柔软的湿布擦拭；也可用竹签轻轻将蚧虫刮除；如果受害严重的，移出室内处理。

为了维持公共利益关系，应该规定对室内观赏植物不能用农药防治病虫害，如果有些植物被病虫危害，用物理方法又不能有效控制时，必须将其移出室外，与室内健康植物隔离，然后再作其他处理，如用化学药剂防治，或销毁。

下面列举一些观赏植物常见的病虫害，并提出室内物理防治方法的建议，具体见表 7-1。

表 7-1 观赏植物常见的病虫害及控制方法

植物虫害或病害	主要危害植物种类及部位	危害症状	控制方法
蚜 虫	秋海棠、常春藤及五加科植物顶梢、嫩叶	吸食汁液，在柔嫩的生长部位形成苍白色	可用水或肥皂水冲洗叶片，或摘除受害部分
螨 虫	龟背竹、变叶木、蔓绿绒、橡皮树、吊竹梅等叶片	由下部向上部蔓延，吸取新芽和叶片的养分，使叶变色	洒水冲洗螨类或隔离
蚧 虫	变叶木、竹芋、龙血树、凤梨类植物的枝叶	虫体呈灰白色、粉色或褐色不一，吸食汁液，分泌蜜露，污染危害部位，使植株生长不良	用竹签刮除蚧虫，或剪去受害部分，室内保持通风透光，以减轻危害
蓟 马	秋海棠、风信子、一品红等叶片	常在叶柄、叶脉附近危害，使叶片失绿	可用酒精棉擦去或用肥皂水冲洗
炭疽病	凤梨类、龙血树、变叶木、椒草、橡皮树等	侵害叶片，引起叶部黑色斑点	透光通风，忌当头淋水，从盆边沿浇水，及时剪除病叶
锈 病	蔷薇科植物的叶片	初期叶面出现橘红色斑点，后期叶背出现褐色毛状锈孢子器	远离转主寄主植物，通风干燥，除病叶
褐斑病	龙血树、龟背竹、棕榈类叶片	危害初期叶面出现褐色不规则斑点，后期变为灰白色，慢慢干焦枯死	人工修剪病叶、枯枝，并集中烧毁
软腐病	球兰、网纹草叶片	初期叶面、叶柄出现水浸状斑点，而后萎蔫下垂	避免过量浇水，保持通风透光，并剪除被害的枝叶
白粉病	菊科、蔷薇科植物叶片	使叶片枯焦、脱落	通风透光，剪除病叶，落叶集中烧毁

复习思考题

1. 什么叫无性繁殖？无性繁殖有几种方式？
2. 什么叫组织培养？
3. 试述室内观赏植物的栽培与养护要点。

8 常见室内绿化植物介绍

【本章重点】 常见木本、草本、藤本、多浆类和花叶共赏类室内观叶植物的名称（中文名）、形态特征、应用及其养护要点。

8.1 室内观叶植物

室内观叶植物种类繁多，遍及全世界。目前全世界室内观叶植物有 1 000 种以上。大部分种类可归为龙血树类、棕榈类植物、天南星科植物、竹芋类和蕨类。

龙血树类　目前较流行的香龙血树即属此类，是室内植物中观赏叶形、叶色的代表种类，在室内散射光下生长良好。

棕榈类植物　常见的有棕榈属、散尾葵属、棕竹属、鱼尾葵属等，多分布于热带、亚热带地区。室内装饰宜选树形优美、矮小，在散射光下生长良好的种类，可增添热带风光的气氛。

天南星科植物　目前国内外常见的室内观叶植物主要有龟背竹、花叶芋、花叶万年青、广东万年青、海芋、花烛、喜林芋、合果芋等。它们大多原产于热带雨林中，喜高温高湿，耐阴，适宜室内栽培。其中一些种类由于叶形奇特，叶色鲜艳，已被人们大量用于室内绿化。

竹芋类　常见的有肖竹芋属、竹芋属、卧花竹芋属和密花竹芋属。多分布于热带雨林、喜温暖湿润和半阴环境。

蕨类　目前较流行的有铁线蕨、肾蕨、鸟巢蕨、鹿角蕨等。它们大多原产于温带和亚热带，喜温暖和阴湿的环境，是庭园居室装饰的理想植物。

从性状上可分为木本、草本、藤本、肉质多浆类和花、叶共赏类等几种类型。

8.1.1 木本类

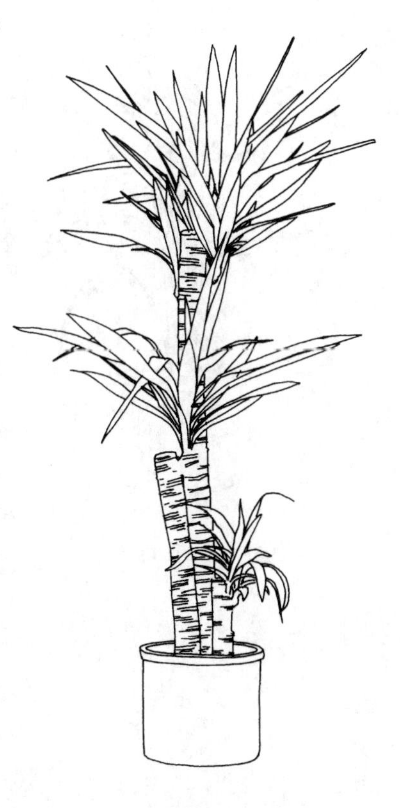
图8-1 香龙血树

香龙血树（巴西铁树、巴西木、香千年木）*Dracaena fragrans*

龙舌兰科龙血树属。最早巴西人用它茎内的液汁来提炼止血药而大量经营，称为巴西铁树。盆栽通常在1.5m以下。该植物皮色黄白，富有纹彩，上下粗细匀称。叶簇生于茎干顶端，长40~90cm，宽6~10cm，弯曲成弓状，叶缘呈波状起伏，剑形，革质，碧绿油光，生机盎然，别具一格，故人们把它的树干锯成段状进行盆栽，把它作为既观叶、又观茎的形式，所以俗称“巴西铁柱”。是世界有名的新一代室内盆栽观叶植物。

巴西铁柱的盆栽常见“三柱组合”的形式，将树茎分别锯成高（约1.5m）、中（约1m）、低（约0.5m）3段，按层次排列在一个大盆之中。这种宝塔型的种植方式可以把叶片分成三层，以显示茂密、郁葱的繁荣景观（图8-1）。

主要观赏品种有：

‘金边’香龙血树 *D. fragrans*‘Victoria’：叶边缘为金黄色。

‘金心’香龙血树 *D. fragrans*‘Massangeana’：叶片中间出现黄色宽纵纹。

‘银边’香龙血树 *D. fragrans*‘Lindeniana’：叶边缘分布有银白色条纹。

同属常见栽培观赏种有：

龙血树 *D. draco*：叶片丛生于枝顶，叶片深绿色，剑形，长约50cm，宽5~6cm，叶缘微红色。叶初生时直立，成熟后向下弯曲。常作大型室内盆栽。稍耐寒，室温低于10℃不会受害。

剑叶龙血树 *D. angustifolia*：常绿小乔木或灌木。盆栽时高约2m。茎细直，顶部易弯曲，叶无柄，密生，狭披针形，呈反曲下垂状，叶色浓绿，革质，具光泽，耐阴。

缘叶龙血树（红边千年木）*D. marginata*：茎干直立，叶窄条形，长30~40cm，新叶向上伸，成熟后弯曲下垂。叶边缘紫红色。也有具奶黄色条纹和具红边的品种。原产马达加斯加。

富贵竹 *D. sanderiana*：应用形式较多，详见下一小节介绍。

【应用】龙血树植株挺拔、清雅，富有热带情调，用它布置大厅，显现端庄素雅，充满自然情趣，小型盆栽亦可点缀居室的屋角、窗台。这种风格特异的观叶植物置于室内空间的门廊处、墙角或沙发椅子一侧，可营造异国情调。龙血树类具有吸收空间有毒气体和净化空气的作用，有利于人体的健康。

【养护要点】原产亚洲和非洲的热带和亚热带地区。喜温暖湿润和光线充足的环境。越冬最低温度12℃。

图 8-2 富贵竹

富贵竹（仙达龙血树、白边富贵竹）*Dracaena sanderiana*

龙舌兰科龙血树属。常绿直立灌木。茎细长直立，无分枝，叶柄鞘状，叶抱茎，长披针形，长 10~20cm，宽 2~3cm，绿色，叶缘具白色宽纵条，极美丽。叶面的斑纹色彩因不同品种而异（图 8-2）。

常见的栽培品种有：

‘金边’富贵竹 *D. sanderiana*‘Virescens’：叶边缘金黄色，中央绿色。

‘银边’富贵竹 *D. sanderiana*‘Margaret’：叶片两侧有白色宽条斑。

【应用】富贵竹茎叶纤秀，柔美优雅，姿态潇洒，富有竹韵，观赏价值高。它适于小型盆栽种植，用于布置书房、客厅、卧室等处，可置于案头、茶几和台面上，显得富贵典雅，玲珑别致，颇耐欣赏。枝干可编织成笼状即所谓的“富贵笼”，或排列成塔状加彩绸金丝线盘扎，置于大型水盘水养观赏，也极受欢迎。

【养护要点】原产喀麦隆及刚果。喜高温高湿环境，对阳光要求不严，喜光也能耐阴，适生于排水良好的砂质土壤中。生长适温为 20~30℃，越冬最低温度为 15℃以上。

朱蕉（千年木、铁树）*Cordyline terminalis*

龙舌兰科朱蕉属。常绿灌木。茎直立，盆栽高度 50~100cm。通常不分枝。叶在茎顶呈 2 列旋转聚生，长矩圆形，长 30~50cm，宽 5~10cm，绿色或带有紫红色、粉红色条斑；叶形和叶色常因品种不同有较大的变化。对朱蕉和龙血树两属植物一般栽培者不容易区分。据记载，切开根部观察它们的颜色容易辨认出来（龙血树属植物的根部呈黄色，朱蕉属植物的根为白色）。

朱蕉的栽培品种较多，常见观赏品种有：

‘三色’朱蕉 *C. terminalis*‘Tricolor’：叶片较原种短小，叶片上有绿、黄和红色的条斑。

‘可爱’朱蕉 *C. terminalis*‘Amabilis’：深绿色有光泽的叶片上有白色和粉红色条斑。

‘红’朱蕉 *C. terminalis*‘Baba Ti’：叶片短小，只中部少量为绿色，大部分为红色，十分艳丽。

‘红边’朱蕉 *C. terminalis*‘Rededge’：叶片深绿色，边缘红色。其外观紧凑，在阔大的叶片上点染着红色的边缘，特别适合于成组展示。可以利用其明亮的叶片与淡色家具形成对比（图 8-3）。

图 8-3 ‘红边’朱蕉

【应用】朱蕉在绿化环境中需求量很大，世界各国都有大批量的生产。朱蕉枝干挺拔，叶色多变，色泽洒脱，盆栽朱蕉约 70~90cm，适宜布置室内一隅，客厅或公用大厅，单盆或多盆成排布置均可。

【养护要点】分布于东亚热带地区。不同品种的朱蕉，产地不同，其特性也不相同，有的较为耐寒耐旱，有的却需要光照较多，大体上生长适温为

20~25℃。越冬最低温度10℃以上。如用于盆栽，在室内摆设10天左右，需移向户外照射阳光 。生长期盆土中宜水分充足。

马拉巴栗（发财树）*Pachira macrocarpa*

木棉科瓜栗属。多年生常绿小乔木。其主要特点是树干挺拔，树皮青翠，上细下粗，树头肥大。幼苗通过软化处理可编织成1条辫形的树干。掌状复叶，叶片略似纺锤，嫩绿有光（图8-4）。

图8-4 马拉巴栗

【应用】叶形硕大奇特，飘逸婆娑，青翠欲滴；干形多姿，茎基肥硕，风格独特，是非常流行的观叶、观姿植物。每逢节日，各宾馆、酒店和舞厅及家庭大多摆设，借以造就绿色的氛围，增添大自然的风光，同时象征吉祥如意。

【养护要点】原产热带美洲。生命力很强，能抗热、抗寒、耐旱、耐湿、耐阴。能忍受40℃的高温和低至10℃的低温。喜温暖向阳，最适温度为22~35℃。10℃以下易死亡。

苏铁（铁树、凤尾蕉 ）*Cycas revoluta*

苏铁科苏铁属。常绿棕榈状木本植物。形态独特而优美。树干柱状、坚硬，常不分枝，皮色深褐，附有许多有如鳞甲的柄痕，盆栽高度1m左右，羽状复叶簇生于枝顶，每片长约0.5~1m，在粗硬的叶轴两旁，生有无数深绿色的小叶，好像孔雀的尾羽。生长缓慢，寿命可达200年以上。

早在2亿多年前，即在古生代二叠纪苏铁已诞生于世上，经过长期冰川侵袭、火山喷发和沧海桑田的变迁，几乎使它濒临绝境，只有少数后代留存至今，成为全世界观赏花木中珍贵的“活化石”（图8-5）。

图8-5 苏 铁

【应用】株形矮小的园艺品种可用其盆栽或制作盆景，置于案头、几架，古朴典雅。大型植株栽入盆缸，陈设于会场、厅堂、楼前阶旁，颇为壮观。其叶片也是高档插花作品的理想材料。

【养护要点】原产我国福建、广东；日本、印度尼西亚也有分布。性喜温暖湿润，耐干旱，怕水渍；喜阳光，忌烈日暴晒。抗寒能力较强，越冬最低温度在0℃以上。宜用肥沃沙质壤土，并施以垃圾土或废铁屑作基肥。

橡胶榕（印度橡皮树）*Ficus elastica*

桑科榕属。常绿乔木。盆栽时1~3m，树皮光滑，灰褐色。叶长椭圆形或椭圆形，长10~30cm，厚革质，在叶面上有一条突出的中肋，两边排列平行的侧脉。各叶片之间，疏密有致分布匀称，新芽桃红色，竖出叶面，显得清新、富有朝气。据测定，在消除室内甲醛污染方面功效颇显著（图8-6）。

图8-6 橡胶榕

橡胶榕是著名的室内观叶植物，原产印度和马来西亚，因内含乳白胶汁，最初当地用来采收橡胶而得名，曾有“橡皮树”之称。嗣后涌现出含胶量更高的橡胶树，致使橡胶榕“跳槽”到园林的领域，成为观叶植物的一名新秀。欧美各国盆栽普遍。

主要栽培品种有：

‘花叶’橡胶榕 *F. elastica*‘Variegata’：叶片稍圆，叶面上灰绿色斑纹相接，叶缘奶油色。

‘三色’橡胶榕 *F. elastica*‘Tricolor’：新叶粉红色，长成后主脉附近浓绿色，周围乳白色，有时呈玫瑰色。

‘黑叶’橡胶榕 *F. elastica*‘Black Prince’：叶片颜色暗绿紫色。

【应用】橡胶榕的风格是树大、叶大、芽也大，特别适合孤植，其树形、树姿和树势等都与欧陆风情甚为吻合，很适宜对西方建筑的绿化和现代家居生活的美化。幼树盆栽可置于几架或窗台装饰，大型盆栽可落地摆设，可置于大厅、客厅窗前、门厅两侧和沙发一角，颇显豪华大气。

【养护要点】原产印度、马来西亚，喜温暖湿润阴凉的环境，越冬最低温度13℃以上。

同属常见观赏种有：

榕树（小叶榕、细叶榕）*F. microcarpa*：常绿乔木。有许多气生根。叶革质，椭圆形，长4~10cm，浓绿色，有光泽，是极佳的室内观赏树种。品种有‘花叶’榕 *F. microcarpa*‘Variegata’：叶片上有白色斑块。

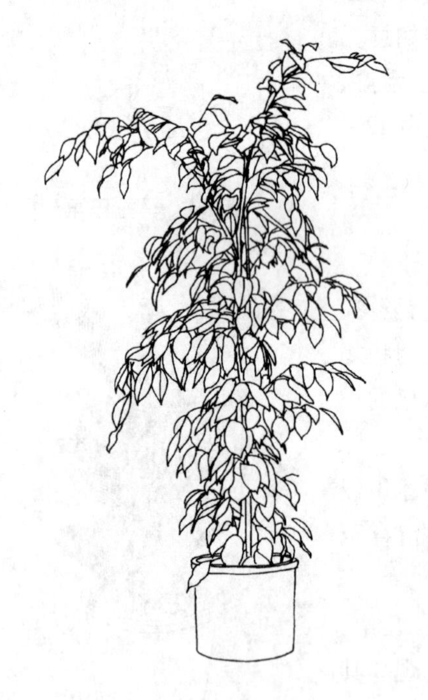

图8-7 垂叶榕

垂叶榕（细叶榕）*F. benjamina*：常绿乔木。盆栽时常保持2m内，叶柄细微下垂。叶卵形或椭圆形，长5~10cm，先端细尖，深绿色，有光泽，是极佳的室内观赏树种（图8-7）。常见品种有‘花叶’垂叶榕 *F. benjamina*‘Penduliramea Variegata’：叶绿色中间具乳白色斑纹。

琴叶榕 *F. lyrata*：常绿乔木，盆栽高度50~100cm，叶片宽大，呈提琴状，长25~38cm，宽15cm，叶缘波状起伏，深绿色，有光泽。适于中小型盆栽，喜半阴环境。

【应用】叶色翠绿有光泽，或具绚丽的花斑，又具有一定的耐阴能力，常作大型室内树盆栽，并在容器表层铺植垂蔓类植物，用于大堂、会议室、门厅、走廊的装饰，给人们带来树荫的清凉。垂叶榕盆栽在欧美各国盛行，无论是商店、会场、公共场所，还是家庭居室、客厅等处点缀，富有生气。

【养护要点】原产热带和亚热带地区，尤其是印度和东南亚地区。喜温暖湿润的环境，有些种类喜光，越冬最低温度13℃。

八角金盘（手树）*Fatsia japonica*

五加科八角金盘属。常绿灌木或小乔木。盆栽高度可达1~2m。单叶，7~9掌状深裂，大型，宽15~45cm，宽与长近相等，深绿色，有光泽（图8-8）。

图8-8 八角金盘

常见栽培品种有：

‘斑叶’八角金盘 *F. japonica*‘Variegata’：宽大的叶片裂片上散染着奶油般的色块。是极时尚的室内花叶灌木。

【应用】叶片排列紧密而舒展，大而亮泽，四季青翠，树冠披散，陈设在大型室内空间中，幽趣横生。宜用大盆栽种，可布置厅堂、楼梯转角、宾馆、会议室、礼堂等处。

【养护要点】原产我国台湾省和日本。喜阴湿环境，不耐干旱，较耐寒。

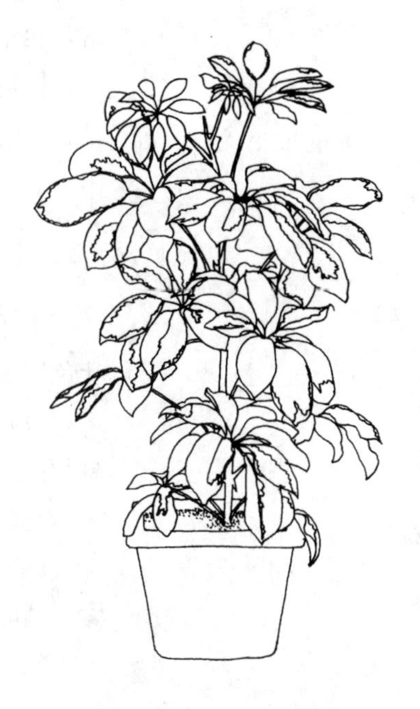

图 8-9 ‘花叶’鹅掌藤

鹅掌藤 *Schefflera arboricola*

五加科鹅掌柴属。常绿蔓生灌木。盆栽株高 30～80cm。分枝多，枝条紧密。叶片绿色有光泽，具细长总柄，小叶 5～8 枚，倒卵状长圆形，全缘，具不等长的短柄，手掌状，鹅掌藤因此而得名。

常见栽培品种有：

‘花叶’鹅掌藤 *S. arboricola*‘Variegata’：叶片散染着金色斑块。如在深色背景前摆放或几株同时摆放，会渲染强烈的视觉效果（图 8-9）。

【应用】整个树冠碧光翠影，临风摇曳，景色怡人，给喧嚣闹市带来了几分幽静。一般宜摆放在客厅沙发旁或楼梯的转角之间。或用大型盆栽陈设于厅堂，颇具热带丛林风光。亦可将小型盆栽置窗台、案头，别具风姿。

【养护要点】产于台湾、广东、广西及海南。喜温暖湿润及充足散射光，稍耐寒、耐阴，冬季最低温度应保持 5℃以上，具有一定的抗旱性。

图 8-10 变叶木

变叶木 *Codiaeum variegatum*

大戟科变叶木属。常绿灌木或小乔木。盆栽高度 50～90cm。单叶互生，叶形多变，自卵圆形至线形，全缘或分裂，厚革质。叶型因品种的变异而形成有叉戟形、提琴形、长线形、鸡爪形、旋转形和母子叶、螺丝叶。叶色变化也很丰富，有的星星点点、斑斑块块，有的朦朦胧胧、五颜六色，使人感到观叶胜观花（图 8-10）。

据巴西园艺学家观察，变叶木系列的大多数品种，其细胞内部都具有善于变异的遗传基因，它们常会受自然因素的影响而产生变种。近数十年来欧美各国由于园艺产业迅速发展，许多专家又应用电离辐射等高科技手段对它进行诱导，从而选育了不少优异的新品种。国外将其分为 7 个品种群，120 余个品种。

常见栽培品种有：

‘仙戟’变叶木 *C. variegatum*‘Excellent’：戟叶品种群。沿叶脉散布着斑斓的色块，绿色、黄色、红色、橘红色以及紫色等。

‘金指’变叶木 *C. variegatum*‘Goldfinger’：长叶品种群。窄长的叶片上渲染着金色斑纹，为室内带来了异域风情。喜充足的阳光、热量和湿度。

‘南太平洋’变叶木 *C. variegatum*‘South Pacific’：细叶品种群，叶带状，密生细长，散布金色点。

‘金边小螺丝’变叶木 *C. variegatum*‘Philippinensis’：角叶品种群。叶密生，呈2～3 回扭卷，顶端具角尾尖，叶深绿色，外缘具宽黄绿斑。

‘撒金狭叶’变叶木 *C. variegatum*‘Punetatum’：狭叶品种群，叶狭细，

披针状，顶端钝尖，绿色，散布金黄色斑点。

【应用】变叶木颜色绚丽多彩，犹如油画原色一样。装饰在宾馆、酒店的大堂显得富丽典雅，不少变叶木适合作插花的叶材。

【养护要点】原产于马来半岛及热带太平洋诸岛屿。变叶木喜高温湿润、阳光充足，不耐阴，不耐寒，夏季温度宜30℃以上，冬季室温易保持在24～27℃，不能低于10℃。

南洋杉 *Araucaria cunninghamii*

南洋杉科南洋杉属。常绿乔木。主干挺立，侧枝平展，分层清晰，冠形端正塔形。叶色浓绿，株形秀美而端庄。盆栽幼树高度一般1.5～2m。

【应用】树形雄伟，叶姿优美，洋洋洒洒，仪态万千，是当今驰名天下的园林观赏树种。既可单植、列植，也可群植，布置会场、厅堂及大型建筑物门厅和家庭客厅点缀。整株的南洋杉还可制作圣诞树。

【养护要点】原产澳大利亚昆士兰等东南沿海地区。喜温暖湿润、明亮或半阴的环境，稍能耐寒耐旱。要求有微酸土壤。

棕竹 *Rhapis excelsa*

图8-11 棕 竹

棕榈科棕竹属。常绿丛生灌木。高1～3m。茎干直立不分枝，似秀竹般修长挺拔，为褐色纤维叶鞘所包裹。叶片呈掌状7～20深裂，裂片长条形，长20～25cm，宽2～5cm；叶质硬厚，具明显的平行脉，先端锯齿状或截形（图8-11）。

同属常见观赏种有：

细叶棕竹 *R. gracilis*：植株细小，掌状叶裂片细小，2～4片。

矮棕竹 *R. humilis*：稍矮生，掌状叶10～20裂片。

【应用】棕竹植株高大，茎干粗直，叶片较阔，树冠浓密，宜群植成林，或作门厅、会场布置，可突出庄严热烈而又朝气蓬勃的气氛。小型盆栽翠绿清秀，供作室内摆设观赏，令人赏心悦目。

【养护要点】产于我国南部至爪哇群岛。棕竹能够耐受粗放管理。棕竹喜欢在温暖潮湿和通风透气的环境生长，夏季适温为20～30℃，冬季降至4℃就会被冻伤，耐阴性强，忌烈日暴晒。

散尾葵（黄椰子） *Chrysalidocarpus lutescens*

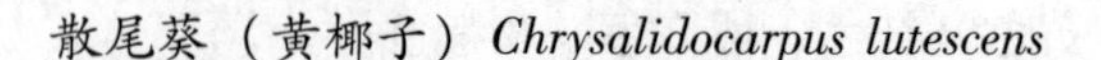

棕榈科散尾葵属。丛生常绿灌木或小乔木。盆栽可达2～3m。茎干密密匝匝，挺拔、颀长，光滑无尾刺。羽状小叶及叶柄稍弯曲，嫩绿色，优雅地向四周伸展。小花和叶柄均为黄色，在国外又叫它“黄椰子”（图8-12）。

【应用】株形潇洒俊美，舒展自如，充满热带风情，尽显天涯芳草任徜徉气派。是当今绿化装饰的首选花木。1956 年美国园艺专家报道，散尾葵具有消解有毒气体和净化空气的作用，散尾葵的销售量由此大增。据在夏威夷的调查，100 间宾馆、银行和公司等单位中，利用散尾葵作绿化树种的占 98%，它们大部分都配置于门庭两侧和厅堂或会场的中央。又因极耐阴可布置于室内阴面。

【养护要点】原产马达加斯加。喜温暖、潮湿的环境。喜明亮的光线，耐阴，不耐寒。喜疏松肥沃、排水良好的土壤。散尾葵对气候和环境的适应性较弱，一般生长适温为 20～28℃，超过 35℃或低于 15℃时，生长不良。需肥量较多，特别是土盆所种的大株，更要经常追施有机肥，保证株型健壮，长势均衡。

图 8-12 散尾葵

蒲葵（扇叶葵）*Livistona chinensis*

棕榈科蒲葵属。乔木。盆栽适宜高度 1m 左右。茎直立，有环状叶痕。叶大型，近圆形，扇状折叠，掌状分裂，裂片多数，先端二裂，柔软下垂，翠绿色，叶柄长达 1m，两侧具倒钩刺；叶鞘具褐色粗纤维（图 8-13）。

【应用】蒲葵大叶婆娑，集生枝顶，酷似棕榈，但茎更为粗壮，叶片更大型，可制扇，极富热带景观。但如果室内空间过小易造成局促压迫气氛，可摆设在较大空间的厅堂中，能表现出浓厚的南国情调，热情奔放，情深意浓，亦可与印度橡皮树、变叶木等盆栽成丛摆放，表现出更浓郁的热带风光。

【养护要点】产于我国南方及越南。适应性强，对土壤要求不严。越冬最低温度应在 3℃以上。

图 8-13 蒲 葵

棕榈（棕树）*Trachycarpus fortunei*

棕榈科棕榈属。常绿乔木。盆栽高度宜 2～3m 。树干被有棕褐色的纤维叶鞘，单干。叶近圆形，直径 50～70cm，掌状深裂，直至中部以下，裂片先端不下垂。叶柄两侧具细齿（图 8-14）。

【应用】棕榈挺拔秀丽，体现南国风光。较大的植株可摆设在厅堂的门边、窗前、沙发旁，亦可布置会场。1～3 年生植株可作小型盆栽，置几案、窗台，叶影摇曳，素雅宜人。也可在房角壁前，大小数株成排摆设，高矮参差，呈现出一派南国风韵。

【养护要点】原产我国中部至南方。为棕榈中抗逆性最强的植物，管理可较粗放。喜湿润肥沃、排水良好的中性土壤，但在酸性、微碱性土中亦能生长良好。较耐寒，大树可耐 -8℃左右的低温。对光照要求不严，能在全光照下生长良好，也较耐阴，较长期生长在室内仍可生机盎然。具一定的耐旱和耐水湿的能力。

图 8-14 棕 榈

图 8-15 短穗鱼尾葵

图 8-16 软叶刺葵

图 8-17 袖珍椰子

短穗鱼尾葵 *Caryota mitis*

棕榈科鱼尾葵属。丛生常绿灌木至小乔木。室内盆栽宜3~5 m。茎干竹节状，具环状叶痕。叶长1.2~3m，二回羽状全裂，叶片大而弯曲，顶端酷似鱼尾（图8-15）。

同属常见种有：

鱼尾葵 *C. ochlandra*：乔木。树干单生，叶形、花序、果实较短穗鱼尾葵更大。

【应用】树姿优雅，叶色浓绿，叶片奇异，充满热带的气息，装饰厅堂别具一格，给人们带来轻松愉快的气氛。

【养护要点】原产亚洲热带地区至澳大利亚。喜温暖湿润，喜强光。抗寒能力较强，越冬最低温度5℃以上。

软叶刺葵（美丽针葵）*Phoenix roebelenii*

棕榈科刺葵属。常绿灌木。盆栽高度1~3m。单干，有残存的三角形叶柄基部，叶羽状全裂，长约1m，稍弯曲下垂，裂片狭条形，长20~30cm，宽约1cm，亮绿色，质较软，2列，对生（图8-16）。

常见同属观赏种有：

长叶刺葵（槟榔竹、加那利椰子）*P. canariensis*：羽状复叶密生，长达3m。

伊拉克蜜枣（海枣、枣椰子）*P. dactylifera*：叶片长，和长叶刺葵相似或稍长，基部有分蘖。

丛生刺葵 *P. loureirii*：与软叶刺葵相近，常丛生。

【应用】软叶刺葵和加那利海枣类是温带地区最为常见的室内观赏棕榈类植物之一。其树姿雄健，叶丛圆浑紧密，细密而硕大的羽状叶飒轻飘逸，给室内带来了浓浓的异乡风采。常见于大型盆栽和桶栽，用于会场、大建筑的门厅布置。

【养护要点】原产亚洲和非洲的热带、亚热带地区。喜温暖，喜充足的阳光，但应避免强光，夏季需适当蔽荫和浇水，越冬最低温度应在7℃以上。中等湿度。

袖珍椰子（矮棕）*Collinia elegans*

棕榈科袖珍椰子属。小型常绿矮灌木，是最流行的室内棕榈类植物之一。盆栽1m以下，茎干直立，不分枝，叶片从顶部伸出，羽状分裂，深绿色，有光泽（图8-17）。

【应用】室内盆栽小巧玲珑，株形优美，最适合书桌摆设，因此有书桌椰子之称。可在相对紧张的室内空间做室内小型盆栽点缀，增添热带风光氛围。

【养护要点】原产墨西哥雨林地区。喜温暖、湿润及半阴，忌强光直射；喜排水良好、肥沃、湿润的土壤。越冬最低温度在5℃以上。

一品红（圣诞花、猩猩木）*Euphorbia pulcherrima*

图 8-18 一品红

大戟科大戟属。常绿灌木。盆栽株高一般 50cm，枝叶含白色乳汁。单叶互生，卵状椭圆形或宽披针形，长 10 ~ 15cm，全缘或微裂，叶质较薄，脉纹明显；叶背有绒毛。茎上部的叶片较狭，呈苞状，颜色常鲜红色；花小，单性，无花被，具淡绿色的总苞（图 8-18）。

园艺上还有苞片为乳白、乳黄和粉红色的品种及重瓣品种。

【应用】一品红适逢圣诞节（12 月 25 日）开花，故又名圣诞树。在许多国家都很有市场。隆冬季节，点缀厅、堂、馆、室，热烈而明丽的鲜红色足以消融严酷的冰雪，春意盎然，其乐融融。

【养护要点】原产墨西哥和中美洲。喜温暖湿润及阳光充足的环境，对土壤要求不严，但以微酸性（pH 值 = 6）的肥沃沙质壤土最好。冬季室温不得低于 10℃。

一品红为短日照植物，利用短日照处理可提前开花，而利用长日照处理，又可延迟开花。国内多用短日照处理的方法，使一品红在“七一”“八一”“十一”等节日开花，以“十一”开花应用最为普遍。

红背桂（紫背桂、青紫木）*Excoecaria cochinchinensis*

图 8-19 红背桂

大戟科海漆属。常绿小灌木。株高约 1m。茎多分枝。叶对生，椭圆形或椭圆状倒披针形，长 6 ~ 13cm，先端尖，基部楔形，似桂花树叶，叶表面深绿色，背紫红色，具细锯齿。穗状花序，花小，浓绿（图 8-19）。

【应用】枝叶扶疏，红绿相映，十分绚丽，是观叶珍品，用以点缀会场、讲台、餐室或居室的案头、几桌，均很雅致。

【养护要点】原产我国广东、广西，越南。性喜温暖、湿润、排水良好的环境。不耐寒，越冬最低温度 10℃以上。喜散射光照，耐半阴，忌暴晒。

月桂 *Laurus nobilis*

图 8-20 月 桂

樟科月桂属。常绿小乔木。盆栽高度常为 1 ~ 1.5m；叶厚革质，浓绿色；叶披针形或长圆状披针形，长 5 ~ 10cm，羽状脉，叶缘微波状（图 8-20）。

【应用】树形整齐、美观，常用桶栽供室内装饰，可置于厅堂、门庭、角隅，也可成排放置以分割空间。

【养护要点】原产地中海沿岸。喜温暖凉爽、光线充足，稍耐阴。越冬最低温度 0℃以上。需水量中等，宜时常向叶面喷水。

竹 类

禾本科竹亚科。形态特殊，非草非木，茎具节且中空（少数例外），不柔不刚，全株分地下茎、根、芽（笋）、枝、叶、竹箨、花与果实。一般呈常绿乔木或灌木状。

竹子可观秆形，如方竹、罗汉竹、龟甲竹、佛肚竹等；观叶形，如箬竹、凤尾竹等；观秆色，如湘妃竹、紫竹、黄金间碧玉、花孝顺竹等；观叶色，如菲白竹、菲黄竹等。

①毛竹（楠竹、孟宗竹）*Phyllostachys edulis*

刚竹属。高大乔木状竹类，秆散生，圆筒形，节间在分枝一侧扁平或有沟槽，每节2分枝。秆高10~25m，径12~20cm。新秆密被细柔毛，顶梢下垂。叶翠绿，四季常青，秀丽挺拔，可数秆植于大型室内庭园中，或石际，或池畔。或作室内盆栽，陈设于厅、堂、馆、所，历四时而常茂，雅俗共赏。

刚竹属常见观赏种和变型有：

刚竹 *P. viridis*：秆高10~15m，径4~10cm。挺直，淡绿色，分枝以下秆环不明显；初时绿色无毛，微被白粉，节间具猪皮状皮孔区，节下具粉环。

淡竹（粉绿竹、花皮淡竹）*P. glauca*：秆高7~10m，径3~6cm。无毛。新秆密被白粉。老秆绿色，仅节下有白粉环。

桂竹 *P. bambusoides*：秆高11~20m，径8~10cm。秆环、箨环均隆起，新秆绿色，无白粉。

斑竹（湘妃竹）*P. bambusoides* f. *tanakae*：是桂竹的变型。绿秆上布有大小不等的紫褐斑点，故名斑竹。据有关学者研究，斑竹的斑纹是在高温高湿的环境中，秆、枝不断受到一种真菌浸染后，逐步形成的。在自然界中，新生长的竹秆油光发亮，没有斑点，随着幼竹成长，才慢慢地出现大小不等的斑块或斑点，宛如泪痕。

早园竹 *P. propinqua*：秆高8~10m，径5cm以下。新秆绿色具白粉。老秆仅节下有白粉环。箨环秆环均略隆起。

刚竹、淡竹、桂竹、早园竹分布广，取材方便，适应性强。可数秆植于大型盆栽或植于透明窗或墙际种植槽中，秆秆翠竹为厅堂、居室带来了盎然的生机和幽深的环境。

紫竹 *P. nigra*：秆高3~8m，径2~5cm，初时淡绿色，老秆紫黑色，隐于绿叶之下，甚为绮丽。

龟甲竹（龙鳞竹）*P. edulis* f. *heterocycla*：是毛竹的一个变型。竹秆粗5~8cm，秆下部或中部以下节间连续缩短呈不规则的肿胀，节环交错斜列，斜面凸出呈龟甲状，面貌古怪，形态别致，观赏价值高。

罗汉竹（人面竹）*P. aurea*：秆高3~5m，径3~5cm，秆下部或中部以下节间缩短，呈畸形膨胀，形若头面，有的似老人，有的似小孩面，有的似罗汉袒肚，相向而笑，十分生动有趣。新秆绿色，老秆黄绿色或黄色，秆环箨环都微微隆起。既可作室内盆栽观赏，还可制作竹雕，作室内工艺挂饰。

②佛肚竹 *Bambusa ventricosa*

簕竹属。乔木状或灌木状，地下茎合轴型，秆丛生。其秆有二型。正常秆直，节间长，圆筒形；畸形秆节间短缩而基部膨大呈瓶状。常选畸形株作盆栽并截顶供观赏。佛肚竹除作盆栽外，在南方各地多配植于庭园醒目处，群栽成独景，或与建筑小品点缀成景（图8-21）。

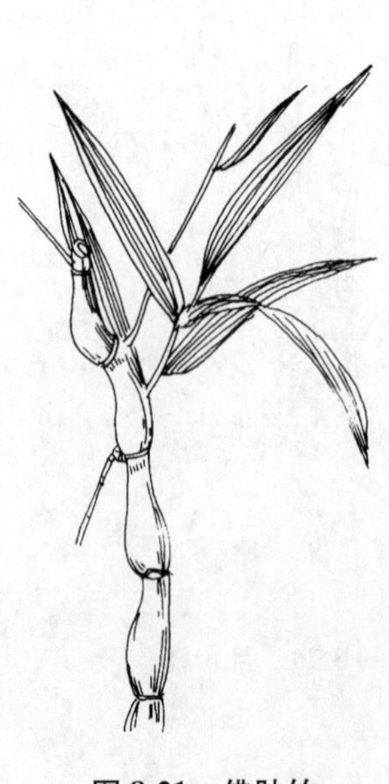

图8-21 佛肚竹

同属观赏竹种有：

孝顺竹 *B. multiplex*：秆高2~7m，径1~3cm，绿色，老时变黄色。每小枝着叶5~9枚，羽状排列。植丛秀美，常见于盆栽观赏。

花孝顺竹 *B. multiplex* f. *alphonsekarri*：秆金黄色，夹有显著绿色条纹。常见于盆栽或栽植于室内庭园观赏。

凤尾竹 *B. multiplex*‘Fernleaf’：孝顺竹的栽培变种。株矮径细，秆高仅1~2m，径4~8mm，叶片小，长仅2~5cm，宽不逾8mm，每小枝着叶10枚以上，宛如羽毛。株形矮小，秆叶细密婆娑，是盆栽中常用竹种。

③菲黄竹 *Sasa auricoma*

赤竹属。小型灌木状，地下茎复轴型。植株矮小，秆高15~35cm，叶片小，披针形，先端尖，叶片幼时呈黄绿色，并具深绿色纵条纹，老叶常变绿色。

同属观赏竹种有：

菲白竹 *S. fortunei*：小型竹，秆高10~30 cm，叶短小，先端渐尖，有白色柔毛，叶面具黄白色至白色纵条纹。

菲黄竹和菲白竹，株形矮小或秀美，叶片绿白或绿黄二色条纹相间，富有清新之感，特别是春末夏初伸展出的条纹叶，显得特别娇艳而美丽。作室内小型盆栽，置于茶几、桌几上细细观赏，竹趣颇浓。

【应用】竹子，亭亭玉立，经霜雪而不凋，历四时而常茂，集坚贞、刚毅、挺拔、清幽于一身，自古以来，人们喜欢竹子的外形，更喜欢竹子的内涵。现代的人们对竹子的喜爱更是有过之而无不及，在很多室内厅堂，如茶社、酒店以及办公大厅和宾馆内庭，尤其在中国传统风格的室内陈设中往往必用竹子点缀。在各类公共大厅中单植、群植、片植或阵列式摆放，构成独立的竹景，或用以分隔空间环境等。或与山石相配，数秆紫竹衬托高低参差的石笋；或与水景相配，植于池畔，竹景映在水中，一派生机盎然；或在透明落地窗前种植槽中地栽一排翠竹，形成绿色蔓帘等，来营造一派清幽宁静的氛围 。

【养护要点】宜栽植或陈设在温暖湿润、避风向阳、阴凉通风，有散射光的室内空间，经常保持盆土或栽植地湿润。在晴旱天气时，每日早晚以清水喷洒叶面，保持竹叶色青绿。

8.1.2 草本类

文竹 *Asparagus setaceus*

百合科文竹属。多年生蔓性植物。盆栽高度45cm左右。根部稍肉质，叶状枝纤细，6~12枚簇生，长3~6mm，枝呈羽毛状排列，鲜绿色。叶如细鳞，片状层叠，恍如轻薄浮飘的绿云，显得清清秀秀，潇潇洒洒，故又名为“云片竹”（图8-22）。

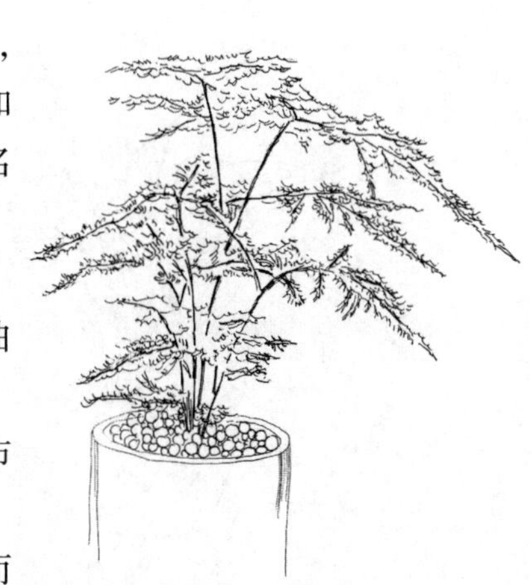

图8-22 文 竹

同属常见品种有：

‘密叶’天冬（武竹）*A. densiflorus*‘Sprengeri’：茎放射状丛生，拱曲或下垂，多分枝，叶退化为扁平的茎，1~6枚簇生，淡绿色。

‘狐尾’天冬 *A. densiflorus*‘Myers’：茎直立，盆栽高度45cm左右，布满绿色的针状分枝小枝条似毛茸茸的狐尾。

【应用】文竹类茎丛生，直立，叶状枝较细密而短，状如羽毛，漂亮而精致，最适宜于盆栽观赏。既可用小盆栽植，也可配以秀石作为盆景观赏。

特别用于书桌上的摆设，可衬托书香门第的氛围。

文竹类叶子为一枝枝细小的扁针，遍布枝条上下，生势非常壮旺。由于植株为半蔓性的丛生状态，大多数枝条都向四面弯垂，好像绿色的潺潺溪水不断流淌。入夏之后就会绽开白色的小花，喷出杏仁香味，到了秋天便结出红色浆果，宛若一颗颗珊瑚般的珠子，异常精致美丽。四季都可作为中小型盆栽作室内点缀用，或种于吊篮中供吊挂装饰用，或作为插花的搭配材料。

【养护要点】原产欧洲、亚洲、非洲和大洋洲。文竹类喜欢在温暖而又凉爽，干燥而又润泽，耐阴而有光的环境生长，一般适温为15～25℃，冬季室内温度一般要求10℃以上。

文竹相对比较耐热、抗寒，需要光照也较多。其生长适温在20～30℃。如果遇到10天没有阳光照射，叶片就很快干枯脱落。文竹可作窗台布置。

吊兰 *Chlorophytum comosum*

图8-23 吊 兰

百合科吊兰属。多年生宿根草本。具肉质根或根状茎。叶片宽线形，鲜绿色，着生在矮茎上。叶丛中常生出横生或斜长出匍匐枝，长30～60cm，弯垂，继而先端又长成一条条带有气根的嫩苗，别有情趣（图8-23）。

常见园艺栽培品种有：

‘银边’吊兰 *C. comosum* ‘Marginatum’：叶片边缘呈白色。

‘金边’吊兰 *C. comosum* ‘Variegatum’：叶缘呈乳黄色。

‘中斑’吊兰 *C. comosum* ‘Vittatum’：叶片中心具淡黄色纵条纹。

【应用】枝叶青翠，柔枝悬垂，是做吊盆的最佳植物。用瓦盆、竹篮、藤篓、筐等，缚上两绳或三绳，吊于窗前、屋檐、走廊或架下，取自然界的野趣，增添古色古香的韵味。

【养护要点】产于热带亚热带地区。性喜温暖湿润及半阴的环境。生长期间室温宜20℃左右，越冬最低温度不可低于10℃。疏松肥沃的沙质壤土为好，冬季宜多见阳光，以保持叶色鲜绿。

蜘蛛抱蛋（一叶兰）*Aspidistra elatior*

图8-24 蜘蛛抱蛋

百合科蜘蛛抱蛋（一叶兰）属。多年生常绿草本。地下具匍匐根茎。叶基生，具长而直立坚硬的叶柄，一柄一叶，柄内有槽，叶质地坚韧，呈长卵形，端尖，基部狭窄，长40～50cm，宽6～7cm，全缘，叶缘微波状，深绿色，富有革质。给花草起个“蜘蛛抱蛋”的名称来源于这种植物在春天所开的紫花，由几块裂片组成，它有8枚雄蕊，好像蜘蛛的小腿，雌蕊长成圆质的样子与蜘蛛的卵囊近似，两者合起来便如蜘蛛抱蛋。其花因藏于叶底，缺乏魅力，故叶片更广受青睐（图8-24）。

常见园艺栽培品种有：

‘狭叶星点’一叶兰 *A. elatior* ‘Ginga’：叶面满布黄色或白色

斑点，有如洒上金粉或银粉。

‘条斑’一叶兰 *A. elatior*‘Variegata’：叶片上有纵向的黄色或白色的条斑。

【应用】一叶兰四季翠绿，植株挺拔，大方明快，可在大型商场、会场、展厅群盆摆设，还可衬托鲜花，使花更加美丽。是观叶植物中耐阴、耐寒性极强的品种，是在室内光线不够明亮处陈设的最佳植物。

【养护要点】原产我国南方各省。喜温暖湿润、半阴的环境，耐阴、耐寒性极强，即使光线弱至 8~10lx（较微弱的光线）仍然青绿如初。摆在室内六七十天缺少光照仍然生长正常。生长适温为 20~28℃，较为耐旱，耐短期 0℃低温。

花叶万年青（黛粉叶）*Dieffenbachia picta*

天南星科花叶万年青属。多年生常绿直立草本。盆栽高度 60cm 左右，茎稍多汁，基部稍有匍匐，每个节上宿存有残留的叶柄。叶片大而光亮，长圆至椭圆形，深绿色，叶片上布满多变化的白色或黄色斑块。不同品种叶片上花纹不同（图 8-25）。

图 8-25 花叶万年青

常见园艺品种有：

‘白柄’花叶万年青 *D. picta*‘Barraquiniana’：叶柄及中脉均为白色。

‘乳斑’黛粉叶 *D. picta*‘Rudolf Roehre’：叶片中心部分全部为乳白色，只有叶缘和少数叶脉呈不规则的绿色。

‘白纹’花叶万年青 *D. picta*‘Jenmannii’：叶脉间有白色条纹。

同属常见种和品种有：

大王黛粉叶 *D. amoena*：多年生常绿灌木状草本。是本属中植株最高大的一种，株高可达 2m。茎粗壮直立，少分枝。叶大而浓绿，布满白或淡黄色不规则斑块，中脉明显（图 8-26）。

‘六月雪’大王万年青 *D. amoena*‘Tropic Snow’：是大王黛粉叶的栽培变种。叶片中部为乳白色或白色斑纹密集。

‘舶来’花叶万年青（白玉万年青）*D. picta*‘Exotica’：叶片长卵圆形，长约 25cm，宽 10cm。深绿色的叶片上有白色或浅绿色条纹。

‘白玉’黛粉叶 *D. picta*‘Camille’：是非常美丽的小型植株品种。从生性较强，一般株高 30cm 左右，叶片中部为乳白、浅乳黄色，边缘为绿色。

【应用】叶片花纹变化较多，株形可大可小，叶片肥厚，绿量大，最适合在现代化建筑室内摆设，可以单独盆栽，也可植于花坛或大型桶栽的室内树下作为衬托品种，使绿色的花坛或室内树更显活泼亮丽，宛如绿海碧波。叶液有毒，不可误食或使其接触人体黏膜部分。

【养护要点】原产美洲热带地区。花叶万年青要求高温高湿又稍蔽荫的环境，越冬最低温度 16℃以上。它虽较为耐阴，但如果长期没有散射光照，叶面的色彩便会减少，绿色部分随之增大，就会失去花叶的特色。

图 8-26 大王黛粉叶

图 8-27 广东万年青

广东万年青（亮丝草）*Aglaonema modestum*

天南星科广东万年青属。常绿多年生直立草本植物。盆栽高度50~60cm。叶椭圆状卵形，端渐尖，长15~20cm，深绿色，光亮。叶柄长，近中部以下具鞘。株形丰满、浓密，姿态非常美观（图8-27）。

同属观赏品种有：

‘银帝’万年青 *A. modestum* ‘Silver King’：叶片银灰色，上面有银白色花纹。

‘银后’万年青 *A. modestum* ‘Silver Queen’：叶色银绿，叶面上还泼洒着淡绿色及深色的斑纹。生长快速，外观较娇嫩。

【应用】极耐阴，叶片素雅，株形丰满、浓密，植株大小合适，特别适合于中国传统建筑空间，如厅堂、书房陈设。可成丛盆栽布置，用于分隔空间和导向；也可作为大厅的花坛陪衬植物或排列于走廊两侧，或布置在音乐喷泉的周围。

【养护要点】原产亚洲的热带和亚热带地区。喜高温多湿，生长适温25~30℃，冬季室温要保持15℃以上。耐阴性强，忌强光直射。栽培用土以疏松肥沃、排水良好的酸性土壤为宜，植株生长健壮，抗性强，病虫害少。

图 8-28 海 芋

海芋 *Alocasia odora*

天南星科海芋属。多年生常绿草本植物。肉质、根状茎粗壮，皮茶褐色，盆栽高度1~3m。茎内多黏液，叶巨型，圆盾形，革质，亮绿色，长30~90cm。佛焰苞淡绿色至乳白色，长10~20cm（图8-28）。

观赏栽培品种有：

‘花叶’海芋 *A. odora* ‘Variegata’：叶片上有大块的白色斑纹。

【应用】耐阴性强，叶片肥大翠绿，株态优美，富有热带情调，是室内假山池边种植或置放厅边角隅等较为荫蔽处的一个难得的佳品。海芋茎和叶内的汁液有毒，不可误食或碰到眼睛。

【养护要点】原产亚洲热带地区。喜温暖、高湿度及较荫蔽的环境，冬季室温宜16℃以上。

图 8-29 花叶芋

花叶芋（彩叶芋）*Caladium hortulanum*

天南星科花叶芋属。多年生草本。株高30~50cm。具块茎。叶基生，箭状卵形，或盾形、心形，薄纸质，长25~40cm，宽10~20cm，有细长的柄。表面绿色，具大小不等的绿、红、粉红、白、棕褐等彩色斑块（图8-29）。

常见栽培品种有：

‘白雪’彩叶芋 *C. hortulanum*‘Candidum’：白底绿纹，纹理清晰，素雅淡然。

‘红中斑’彩叶芋 *C. hortulanum*‘Frieda Hemple’：叶间为大红色斑，叶脉色更红，叶缘深绿色；

‘红脉’彩叶芋 *C. hortulanum*‘Jessie Thayer’：叶底色为淡米色，主脉桃红色并晕染到细脉嫩绿色；

‘漆斑’彩叶芋 *C. hortulanum*‘Wightii’：叶绿色，叶面有不规则的红色和白色斑点。

【应用】其绚丽多彩的叶色给人带来清风送爽的感觉，是盛夏室内最好的装饰植物之一。欧美有些花商将彩叶芋的球根，制作成一个新奇的罐头，在吸收雨露、阳光之后，能很快萌芽，吐叶，逐渐长出一棵美丽的花束来，可作为鲜活礼品馈赠亲朋好友。彩叶芋叶作插花花材，对其艺术造型也增添了罕见的新意。

【养护要点】原产南美热带地区，喜高温、高湿、半阳半阴的环境，最忌猛烈的阳光直射，要求土壤疏松、肥沃、排水良好。

图 8-30　孔雀竹芋

孔雀竹芋 *Calathea makoyana*

竹芋科肖竹芋属。多年生常绿草本。盆栽高度 30cm，叶片椭圆形，大如巴掌，薄如绸绢，由纤细的叶柄顶托。浅绿色衬底，有淡绿色线纹，中脉两侧镶有橄榄状斑块，叶背有紫红色的彩带，活像孔雀开屏的尾羽。到了夜间，叶边向中间轻轻卷起，到翌日晨曦后又慢慢张开。由于颇似虔诚者合掌的样子，有些阿拉伯人就形容为“会祈祷的花草”（图 8-30）。

同属常见种有：

天鹅绒竹芋 *C. zebrina*：盆栽株高约 45cm，叶形椭圆，长 20～60cm。在淡绿的底色上，两边均分布有深绿色的条纹，叶背则为紫红色。叶面上呈天鹅绒样的松软柔滑、质感迷人。如果给它喷上清水，就会立即出现无数银光闪闪的水珠，细赏之下，煞是有趣。

图 8-31　彩虹肖竹芋

彩虹肖竹芋 *C. roseo－picta*：盆栽株高约 20cm，叶形椭圆，主脉和叶片边缘在深绿色基调上装点着玫瑰粉色斑（图 8-31）。

黄苞肖竹芋 *C. crocata*：盆栽株高约 30cm，宽披针叶，暗绿色，叶背紫色。夏季挺起纤长的花茎，头状花苞上绽放出明黄色的苞。

【应用】是世界著名的耐阴观叶植物，用其盆栽点缀于书房、客厅或室内花园，将以其独特的光彩斑纹，使室内顿时生辉，新颖诱人。

【养护要点】原产巴西。喜温暖，怕寒冷，越冬最低温度 16℃以上。喜半阴环境和较高的湿度及疏松透气保水的土壤。

密花竹芋（锦竹芋）*Ctenanthe oppenheimiana*

竹芋科密花竹芋属。多年生常绿草本。高 60～90cm，叶基生，叶柄细长，开花的叶片的叶柄短，叶片披针形至长椭圆形，长 30～45cm，宽 15cm，叶片暗绿色，在 2 条侧脉间有灰色条纹，叶背紫色。

图 8-32　‘三色’锦竹芋

观赏品种有：

‘三色’锦竹芋 *C. oppenheimiana*‘Tricolor’叶片上有乳白色、红色的斑块和条纹，背面紫红色（图8-32）。

【应用】叶姿端庄清爽，置于门厅、门口、走廊两侧或会议室角落或花槽中，显端庄典雅，落落大方。

【养护要点】产于中、南美洲的热带地区，喜温暖，怕寒冷，喜半阴环境和较高的湿度及疏松透气保水的土壤，越冬最低温度应在16℃以上。

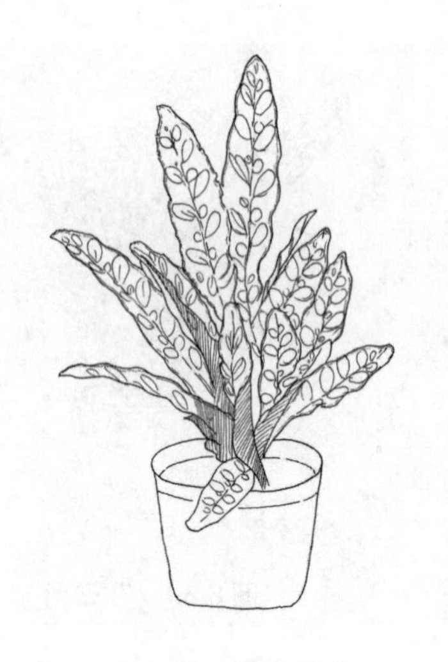

图8-33 紫背竹芋

紫背竹芋（红背卧花竹芋）*Stromanthe sanguinea*

竹芋科卧花竹芋属。多年生常绿草本植物。株高30~40cm，有肉质块状根茎。叶柄较短，叶片宽披针形，长可达40cm，宽7~12cm，正面深绿色，背面紫红色（图8-33）。

【应用】紫绿相映，秀丽醒目，可用于装饰厅堂、书房、卧室等处，置于稍高或与视线相平处，则更能突出视觉效果。

【养护要点】原产巴西。喜温暖，怕寒冷。喜半阴环境和较高的湿度及疏松透气保水的土壤。

图8-34 铁线蕨

铁线蕨 *Adiantum capillus-veneris*

铁线蕨科铁线蕨属。多年生草本。株高15~40cm，根状茎横走，具栗黑色的叶柄，细长而坚挺，光亮，似铁线。叶片深裂，1~2回或多回羽状复叶呈卵状三角形，深绿色（图8-34）。

【应用】形态优美，秀丽，株形较小，适合于小型盆栽和布置山石盆景。亦可高盆种植，摆放在花架上，或作瓶景挂在墙壁上。在居室可布置于案头、几旁、矮柜之上，清秀洒脱，似有习习凉风扑面而来，令人精神振奋。

【养护要点】分布于广东、广西、台湾和云南南部及亚洲热带一些地区。喜温暖湿润，越冬最低温度5℃以上，适宜生长温度18~25℃，喜半阴和高湿度环境。

图8-35 鸟巢蕨

鸟巢蕨（铁角蕨）*Neottopteris nidus*

铁角蕨科鸟巢蕨属。多年生常绿附生草本植物。株形似雀巢，高100~120cm。叶阔大闪亮，披针形，光亮翠绿，长达100cm，宽9~15cm，大多从植株基部向四面伸展（图8-35）。

【应用】作吊盆或竹篮栽植，悬挂于荫棚、阳台及室内花园，甚为壮观，富有热带风光。

【养护要点】分布于广东、广西、台湾和云南南部及亚洲热带一些地区。喜温暖湿润，越冬最低温度15℃以上，喜半阴和高湿度环境。

图 8-36 鹿角蕨

鹿角蕨 *Platycerium bifurcatum*

鹿角蕨科鹿角蕨属。多年生常绿附生草本，株高 50cm 左右。叶革质，生殖叶常呈鹿角状分裂，形态别致。基部的无性叶圆形或盾形，边缘波状或微裂，绿白色（图 8-36）。

【应用】鹿角蕨叶形奇特，极富异国情调，盆栽或悬挂于厅、室，易取得较强装饰效果，是广泛应用的观叶蕨类之一。

【养护要点】分布于热带亚洲、非洲和澳大利亚的温带地区。喜温暖湿润，越冬最低温度 10℃以上，喜半阴和高湿度环境。

图 8-37 凤尾蕨

凤尾蕨 *Pteris nervosa*

凤尾蕨科凤尾蕨属。多年生常绿蕨类。株高 40cm 左右。一簇簇挺拔的叶片在前端弯成弓状，叶冠疏散，每个裂片的中间都装饰着惹眼的条纹（图 8-37）。

【应用】室内庭园荫蔽处附石而植或作花境栽植。

【养护要点】分布热带、亚热带和温带地区。较耐寒，越冬最低温度 5℃以上。喜阴湿环境。

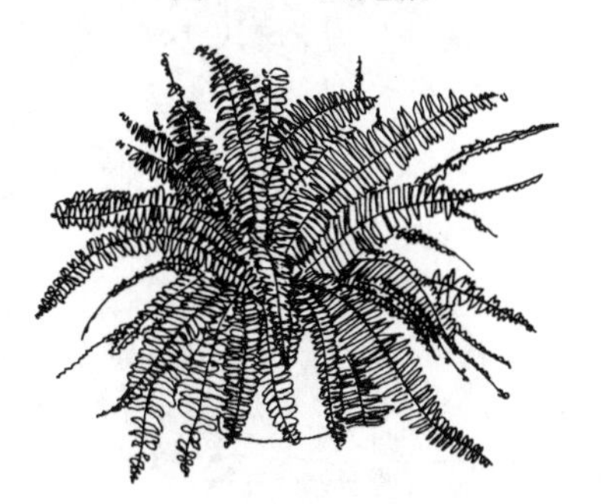
图 8-38 “波士顿”蕨

肾蕨 *Nephrolepis auriculata*

肾蕨科肾蕨属。多年生草本。有附生种和地生种两类。叶细羽裂或簇生，羽片基部以关节着生于叶轴，易脱落，叶形多变化，细碎而优美。

同属常见品种有：

‘波士顿’蕨（玉羊齿）*N. exaltata*‘Bostoniensis’：株高 80cm 左右，叶片丛生，羽状复叶，叶姿态下弯，青翠光亮，富有质感（图 8-38）。

【应用】荫蔽处的花坛、花境栽植。也是艺术插花的优秀叶材，许多新娘捧花都离不开它。

【养护要点】主要原产于热带和亚热带地区。喜高湿高温，生长适温为 25℃以上，越冬最低温度 12℃。耐阴性很强，但稍喜光。

图 8-39 冷水花

冷水花 *Pilea cadierei*

荨麻科冷水花属。多年生常绿草本。株高 15～40cm。茎叶多汁。茎光滑，多分枝。叶对生，叶卵状椭圆形或卵形，叶缘上部具浅齿，下部全缘，叶面稍皱，叶面底色为绿色，具 3 条纵向银白色宽条纹，脉稍凹陷。长 5～8cm，叶背淡绿色（图 8-39）。

常见园艺栽培品种有：

‘矮性’冷水花 *P. cadierei*‘Compacta’：为矮生型冷水花品种，皱褶的叶片上绿白相间。

同属常见栽培种有：

镜面草 *P. perperomioides*：高、宽 20～30cm，茎丛生状，呈半球形，叶集生枝顶，叶柄修长，叶肉质，圆盾状，长 6～11cm，亮绿色，很像镜子。是近年来十分流行的盆栽观叶植物。

【应用】冷水花绿白相间，镜面草圆润可爱。作室内陈设，点缀于茶几、案桌、橱柜之上，颇为雅致，富有野趣。

【养护要点】产于热带、亚热带地区。较喜阴湿环境，要求避免强光直射，忌干旱，具有一定的抗寒性，生长适温 18～25℃，越冬最低温度为 10℃以上。

图 8-40 白网纹草

白网纹草 *Fittonia verschaffeltii* var. *argyroneura*

爵床科网纹草属。常绿多年生植物。蔓生或丛生，植株矮小，呈匍匐状，高约 15cm 。叶卵圆形，翠绿色，薄如绸绢，呈“十”字对称，叶面布满许多工整匀称的微下凹的银白色网状脉（图 8-40）。

同种另一变种：

深红网纹草 *F. verschaffeltii* var. *pearcei*：叶密对生，暗橄榄色，叶网状脉砖红色，极艳丽，叶背灰绿色。

【应用】为新一代的小型室内耐阴观叶植物，在西方十分流行。体态极为轻盈，淡素、典雅和清幽，适于用细盆栽培，最好摆设于卧室的窗前、书房的桌上，作近距离的欣赏。

【养护要点】原产秘鲁。性喜温暖潮湿，生长适温为 20～28℃，越冬最低温度 16℃。喜疏松、肥沃、湿润、排水良好的土壤。

图 8-41 彩叶草

彩叶草（洋紫苏）*Coleus blumei*

唇形科鞘蕊花属。多年生常绿草本。植株高 30～50cm。叶对生，菱状卵形或卵状心形，边缘有粗锯齿，纸质，叶色有红、黄、紫、褐等多种色彩，叶缘具皱纹状花纹，鲜艳夺目（图 8-41）。

【应用】极美丽，作室内窗沿上或客厅桌几上装饰，可给室内增添生机。亦可配植大厅花坛中，或盆栽丛布置于门前、阶旁、花槽之中。

【养护要点】原产爪哇岛。性喜高温、湿润、阳光充足的环境，不耐荫，越冬最低温度不能低于 10℃。土壤要求疏松肥沃。

图 8-42 伞草

伞草（旱伞草）*Cyperus alternifolius*

莎草科莎草属。多年生丛生草本。株高 60～120cm。茎直立，三棱形，无分枝。叶退化成鞘状，棕色，包裹在茎秆基部。总苞片叶状，带状披针形，长 20～40cm，轮生于茎端，呈伞形状（图 8-42）。

【应用】伞草株丛茂密，光亮翠绿，苞叶细长，轮伞排列，雅致奇特，别具一格。适合于书桌、案头、茶几陈列，也可点缀于窗台、走廊等处。还是小型水景园及野趣园的优良植物。

【养护要点】原产印度尼西亚群岛、马达加斯加。喜温暖、阴湿及通风良好的环境。不耐寒，越冬最低温度5℃以上，夏季要避免强光直射。

鸭跖草（白花水竹草、紫露草）*Tradescantia albiflora*

鸭跖草科鸭跖草属。多年生常绿草本。茎细弱，匍匐，节部明显。叶披针形或卵状披针形，先端尖，长4~6cm，抱茎，绿色，有光泽。伞形花序，花小，洁白，花期长。枝叶稍多浆（图8-43）。

图8-43 鸭跖草

园艺栽培品种有：

'银线'鸭跖草 *T. albiflora* 'Albovittata'：叶面具醒目的白色装饰性条纹。

【应用】除一般盆栽外，可作吊盆，匍匐披散状的枝条悬挂于空间走廊或者墙壁上。翠绿色的叶片清新欲滴，尤其是'银线'水竹草，其水灵灵绿白相间的叶片，使人倍感清新凉爽。

【养护要点】原产南美洲。喜温暖湿润，较耐阴，宜通风向阳，耐干燥。越冬最低温度不能低于5℃。

吊竹梅 *Zebrina pendula*

鸭跖草科吊竹梅属。多年生常绿匍匐草本。茎叶稍多汁，盆栽时枝叶下垂。叶卵状长圆形，先端尖，上面有紫及灰白色条纹，背面紫红色。花紫红色，夏季开花（图8-44）。

图8-44 吊竹梅

【应用】叶片紫白鲜明，四季常艳；株形丰满秀美。匍匐下垂，特宜吊盆观赏。

【养护要点】原产北美南部至中部。喜温暖湿润，较耐阴，但光线不宜过暗，耐干燥。以疏松、肥沃、排水良好的土壤为宜。夏季忌强光直射，应适当蔽荫。越冬最低温度不能低于13℃。

猪笼草 *Nepenthes mirabilis*

猪笼草科猪笼草属。多年生草本（或半木质化藤本）食虫植物。叶互生，长椭圆形，全缘；中脉延长为卷须，末端有一叶笼，叶笼呈瓶状，瓶口边缘厚而具有上盖。笼色以绿色为主，有褐色或红色的斑点和条纹。是食虫植物中最受人们青睐的一种室内观赏植物（图8-45）。

图8-45 猪笼草

【应用】美丽而精致的叶笼令人惊叹植物世界之神奇，作吊盆观赏，十分新奇别致。

【养护要点】主要分布于亚洲东南部至澳大利亚北部。喜温暖、湿润和半阴的环境，不耐寒，冬季最低室温不低于16℃。怕干燥和强光。

8.1.3 藤本类

图 8-46 龟背竹

龟背竹（蓬莱蕉、电线草）*Monstera deliciosa*

天南星科龟背竹属。多年生常绿大藤本。盆栽高度 2~3m。茎粗壮，从茎节中生出多数深褐色绳状气生根，形似电线。叶片酷似龟背，中间有孔，边缘开裂。各叶若俯若仰，似飞似伏。佛焰苞长达 20cm，乳白色或绿色（图 8-46）。

我国还有一花叶品种：

‘花叶’龟背竹 *M. deliciosa*‘Variegata’：深裂的绿色叶片中散染着黄绿色的条纹和斑点。可依苔藓柱攀缘生长。

【应用】适宜与室内景园中的水池、岩壁、秀石相配，独具异趣。龟背竹的祖先在热带雨林中常附生于大树之上，养成了耐热耐阴的特性。如在室内摆设四五十天也不会枯黄。故极适于室内布置应用，陈设房间角隅均甚相宜，又是大型会场布置常用之佳品。

【养护要点】原产美洲热带地区。性喜温暖湿润和荫蔽环境，忌强光直射。不耐寒，越冬最低温度要保持 10℃以上。夏季应置于阴凉处。宜疏松、肥沃土壤。

绿萝（黄金葛）*Scindapsus aureus*

图 8-47 绿 萝

天南星科麒麟叶属。多年生常绿藤本。茎长可达数 10 m，盆栽多为小型幼株；茎节有沟槽，节间长有气根，可随物体攀缘伸长。叶呈心形，老株叶片边缘有时不规则深裂，幼株全缘，罕见裂；色翠欲滴，能大能小，往往长得越高，叶片也就越大（图 8-47）。

主要园艺栽培品种有：

‘金葛’*S. aureus*‘Golden Queen’：叶上具不规则的黄色条纹。

‘银葛’*S. aureus*‘Marble Queen’：叶上具乳白色条纹。

【应用】绿萝具有“三栖”的特性，如果把它栽于大盆，盆中立下一根木柱，四周包扎棕衣，让绿萝的茎叶附在柱上攀缘，不到一年便可长成一棵巧夺天工的“绿萝柱”了。不论摆在厅堂、楼梯或屋角，都能显示出一派春色盎然、生机蓬勃的景象。用它嫩壮的枝叶放入玻璃瓶或陶瓷缸中水养，它就会发出无数条新根，形成一种无土栽培的花草，既卫生又干净，可摆在餐桌或桌头柜上，借以领略一点天然野趣。还可在吊盆中扦插几株幼苗，当它萌芽吐叶时悬挂于窗前、走廊或阳台之间，待闲暇时观赏一下它那飘逸超脱的叶姿，也非常令人神往。

【养护要点】原产印度尼西亚所罗群岛。喜温暖湿润，稍耐寒；稍耐阴，忌强光。喜肥沃、疏松而排水良好的土壤。越冬最低温度

10℃以上。要注意经常照射阳光，以保持斑叶上的颜色不褪。

常春藤（洋常春藤）*Hedera helix*

五加科常春藤属。多年生常绿藤本。茎蔓长达3~5m或更长，多分枝，匍匐地面或攀附树上、墙面。幼嫩的枝条、叶柄和叶片上有星状毛，枝条上易生气生根。营养枝叶片3~5裂；生殖枝叶片菱形、全缘。叶上面深绿色，下面浅绿色，脉色较淡。全世界园艺栽培品种达100个以上，大致可分为绿叶和斑叶两大类。绿叶类的基本色为单色，仅是叶形有所差异。而斑叶类就非常丰富多彩了，诸如叶心为黄色的叫'金心'，叶缘为白色的称'银边'，叶面白绿相间，宛如大理石纹理的称为'彩云'（图8-48）。

图8-48 常春藤

【应用】常春藤属植物是优美的攀缘性植物。叶形、叶色有多样的变化，四季常青，适宜室内环境，是当今世界上很受欢迎的室内观叶植物。有盆栽的品种；有适于阳台、窗台栽培的品种；有吊栽的品种；有专为棚架和垂直绿化培育出的品种等。也是切花装饰和荫处地被的极好材料。

【养护要点】原产北欧，我国各地有栽培。生性强壮，较耐寒。喜稍微蔽荫之地，但在光线充足或不见直射阳光的室内环境下均可正常生长，对土壤和水分要求不严，土壤呈中性或微酸性较好。

蔓绿绒属（喜林芋属）*Philodendron*

天南星科。常绿灌木、藤本。以美丽的革质叶著称。

按其株形分为直立性、蔓性和半蔓性三种。按叶形可分为心形、圆形、琴形、掌形、棒形等。按叶色分有青翠、深绿、褐紫、暗红、复色等。

近年来，较为流行的有10多种和品种。

羽裂蔓绿绒（春羽）*P. selloum*：直立型品种。原产巴西，植株丛生，叶呈散状，羽状深裂，气根强壮，具有古朴雄伟、苍劲旷野的气势。

心叶蔓绿绒（心叶绿萝）*P. scandens*：攀缘类型。深绿色的心形叶片，闪闪发亮，顶端收尖。可作攀缘处理，供室内装饰。

琴叶蔓绿绒 *P. panduraeforme*：攀缘类型。叶片小提琴形，淡橄榄绿色，革质。可作攀缘处理，供室内装饰。

'红宝石'喜林芋'Red Emerald'：是一种优良的蔓性栽培品种。长势壮旺，新叶异常鲜红，老叶绿中带红，叶柄也呈现褐红，使人感到热烈的气氛。许多新开张商店都喜欢摆设（图8-49）。

'绿宝石''Green Emerald'：全株翠绿色。

图8-49 '红宝石'喜林芋

【应用】叶色油亮，姿态奇异，植株美丽而典雅大方，富有南国气息。对室内干燥和半阴的环境有较强的适应力。直立式和蔓性的品种可做成图腾柱，置于各宾馆、酒店、商场、办公大楼等门、走廊拐角、电梯门前或家居中陈设效果均佳。蔓性种类还适于做吊盆、壁挂栽培，小型种则可作袖珍式盆栽、瓶栽等，均极富装饰性。

【养护要点】原产中、南美洲的热带雨林地区。蔓绿绒的栽培管理也颇粗放。多数品种都具有一定的耐热与耐寒能力，越冬最低温度一般13℃左右。

图8-50 合果芋

合果芋（白蝴蝶）*Syngonium podophyllum*

天南星科合果芋属。多年生常绿草质藤蔓性植物。盆栽时叶丛生，枝条伸展垂吊盆外。藤茎较细，节间有气生根。幼龄植株叶片为戟形，叶柄细长，成熟植株叶片分裂成5～9裂。叶片上常生有各种白色斑纹。叶片形态和色泽、斑纹的变化因品种而异（图8-50）。

【应用】合果芋幼时植株直立，颜色优雅，体态轻盈，为较好的中小型盆栽、图腾柱制作或作吊挂观赏植物。是室内耐阴观叶佳品。

【养护要点】原产中、南美洲热带地区。喜温暖潮湿，喜半阴，不耐寒，适宜生长温度为15～32℃，越冬最低温度16℃以上。

8.1.4 多浆类

芦荟（中国芦荟）*Aloe vera* var. *chinensis*

百合科芦荟属。多年生常绿肉质草本。叶肥厚多汁。茎短，叶互生或螺旋状排列，肉质多汁，披针状剑形，先端下倾，反卷，背面凸起，长30～70cm，宽4～15cm，呈粉绿色，上面有浅白色斑点，随叶片的生长白色斑点逐渐消失（图8-51）。

同属常见观赏种有：

翠花掌（蛇皮掌）*A. variegata*：株高约20cm，叶基生，彼此搭接排列，长三角形，浓绿色，有不规则、隐约可见的白色横纹，形如鸟羽。叶色斑斓，开花美丽，株形适中，适合家庭室内盆栽。

木锉芦荟 *A. humilis*：密集丛生，无茎，叶30～40片排列成莲座状，株幅10cm左右。叶片上有少量疣状突起，似木锉。植株小巧秀美。

微型芦荟（翡翠殿）*A. juveuna* ：小型观赏种。

【应用】芦荟株形开散，叶色终年常绿，叶片厚硬，叶端尖细，锐利的叶片如一把刀剑，挺立的株形姿态威武，具阳刚之美。置于厅堂、屋角等处，颇引人注目。

图8-51 芦 荟

【养护要点】原产非洲南部、地中海地区、印度。喜温暖干爽和阳光充足。宜沙质壤土种植，除了夏天每两三天淋一次透水外，其余季节可六七天淋一次。越冬最低温度0℃以上。

十二卷（锦鸡尾、条纹十二卷）*Haworthia fasciata*

百合科十二卷属。多年生常绿肉质草本，无茎，叶厚，肉质，密生呈莲座状排列。三角状披针形，叶长4cm，宽13mm，灰白色，叶背面的粗大白色疣聚合成横纹，表面绿色（图8-52）。

【应用】植株斑纹绚丽，小巧秀丽，为装饰客厅、卧室、窗台、几架的最佳小型盆栽植物。

【养护要点】原产非洲南部。喜温暖干爽和阳光充足，但不可暴晒。越冬最低温度10℃以上。宜沙质壤土种植，浇水不宜过勤，以较干燥为宜。

图8-52 十二卷

虎尾兰（千岁兰）*Sansevieria trifasciata*

龙舌兰科虎尾兰属。多年生常绿草本植物。叶丛生或呈莲座状，肉质，长可达1.2m，宽7cm，直立，基部稍呈沟状，暗绿色，有浅灰色的横纹。

常见园艺栽培品种有：

‘金边’虎尾兰 *S. trifasciata*‘Laurentii’：肉质叶片深绿色，装饰着金色的边缘（图8-53）。

‘短边金叶’虎尾兰 *S. trifasciata*‘Golden Hanhnii’：莲座矮生，肉质叶片宽大，在绿色的背上印染着金黄色的宽条纹。

【应用】因其叶色斑斓，又颇耐阴耐干旱，是室内观叶植物的上品。宜居室、客厅、书房等处摆饰。

【养护要点】原产亚洲和非洲热带地区。喜温暖向阳，耐半阴，怕阳光暴晒。耐干旱，忌积水，要求排水良好的沙质壤土。越冬最低温度13℃左右。

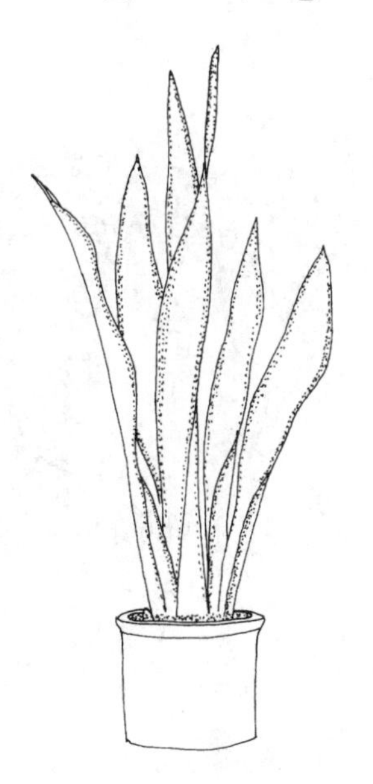

图8-53 ‘金边’虎尾兰

虎刺梅（铁海棠）*Euphorbia milii*

大戟科大戟属。攀缘状灌木。茎多肉质，直立具纵棱，其上生硬刺；嫩枝粗，有韧性。叶仅生于嫩枝上，倒卵形，先端圆而具小凸尖，基部狭楔形，黄绿色。2~4个聚伞花序生于枝顶，花绿色。总苞片鲜红色，扁肾形，长期不落（图8-54）。

【应用】全身布满锐刺，叶鲜绿色呈倒卵形。秋冬开绿色小花，很不引人注目，但其花序的总苞片呈非常美丽的大红色，常常被人们误认为是花瓣。虎刺梅花虽娇艳，然骨干坚硬，锐刺凛厉，含威而自重，性格异常鲜明，为有识者珍爱之。

【养护要点】原产马达加斯加。喜高温，不耐寒，喜强光，耐干旱，不耐水涝。越冬最低温度13℃以上。

图8-54 虎刺梅

图8-55 石莲花

石莲花 *Echeveria pumila* var. *glauca*

景天科石莲花属。莲座状多肉植物，蓝绿色，被白粉。叶匙形，顶端圆，具突尖，花序高15cm，花粉玫瑰色，中间鲜红色（图8-55）。

【应用】适宜盆栽观赏和专类园、岩石园或干旱地区绿化。

【养护要点】原产墨西哥和中美洲。多数种类耐热又耐寒，冬季可置于室内，其他季节放于明亮处，保持通风，不宜浇水过多。

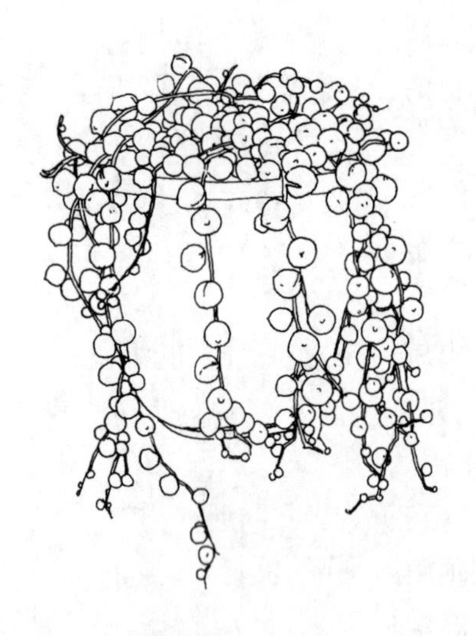

图8-56 念珠串

念珠串（绿串珠）*Senecio rowleyanus*

菊科千里光属。肉质草本。蔓生性，茎俯卧或下垂，细绳状。叶球形，直径小于1cm，浅绿色，具透明状纵条纹，先端具小突尖。头状花，淡白紫褐色（图8-56）。

同属常见观赏种有：

弦月（香蕉草）*S. radicans*：蔓生性多年生肉质草本。茎细长，下垂。叶肥厚多肉，椭圆形弯曲，两端尖，似弦月。叶茎色泽粉绿，叶面具较深色的宽纵线纹。头状花序，花白色。

赫氏千里光（大弦月城）*S. herreianus*：茎俯卧，长可达60cm，节上发根，叶呈短纺锤形，深绿色，有半透明纵条纹，顶端具尖突。头状花序，花黄白色。

【应用】悬垂而下的茎蔓织成一帘绿珠。秋季绽放出姣美的白花，芬芳宜人。作吊挂布置，别具风味。

【养护要点】原产非洲西南部。需阳光充足和温暖、通风、干燥的环境。越冬最低温度10℃以上。

图8-57 生石花

生石花 *Lithops pseudotruncatella*

番杏科生石花属。小型多浆植物。植株由两片对生的肉质叶密接而成倒圆锥体，高2～3cm，灰棕色，顶部平，每枚叶片呈半圆或肾形，有不规则的枝状凹纹。花期9～10月，自顶部裂缝开花，花金黄色，直径约3cm，阳光下中午开放（图8-57）。

【应用】形态酷似鹅卵石，株形奇丽，小巧别致，十分新奇可爱，作室内小型多浆类观赏盆栽，或室内岩石园、专类园。

【养护要点】来自南非半沙漠地区，喜阳光充足，生长适温20～24℃，高温休眠，越冬最低温度5℃。

帝玉（凤卵）*Pleiospilos nelii*

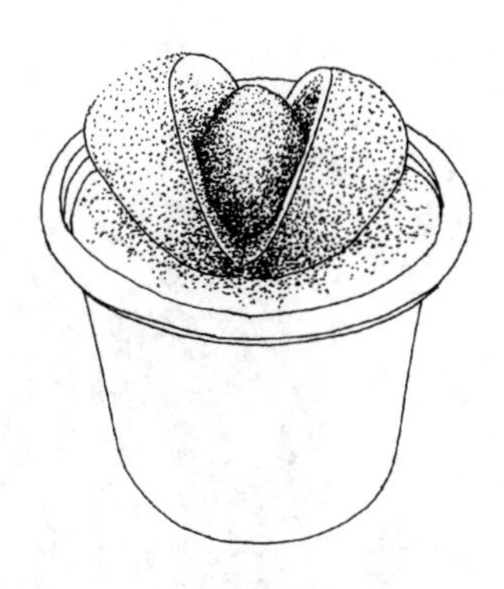
图 8-58 帝 玉

番杏科对叶花属。小型多浆植物。株高 2～3cm，叶卵形，肥厚多肉，表面灰绿色，斑点状。两叶之间裂痕深刻，外形酷似小石头或雕塑艺术品。成株春天开花，花自裂痕处开出，花色淡橙色，适合小盆栽（图 8-58）。

【应用】小型盆栽观赏。室内岩石园，专类园。

【养护要点】分布于南非地区。喜温暖、不耐寒，喜阳光充足、干燥通风，也稍耐阴。耐干旱忌阴湿，宜排水良好的沙壤土。

吊金钱（吊灯花、心心相应）*Ceropegia woodii*

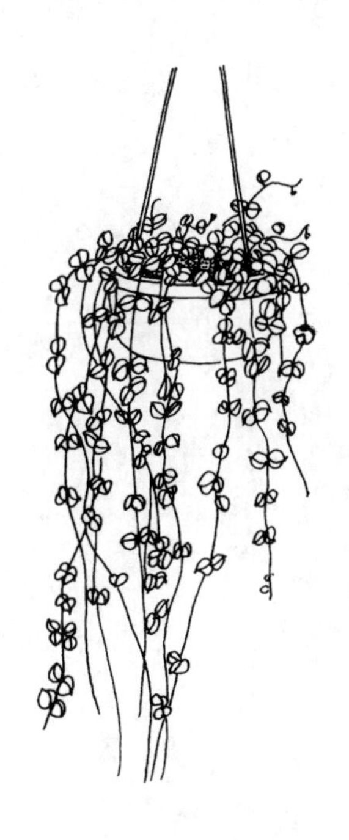
图 8-59 吊金钱

萝藦科吊金钱属。蔓性枝条极为纤细，具悬垂性。叶对生，心形，肥厚多汁，叶面灰绿色，上面有灰白色脉纹。叶腋处常能结成圆形零余子，接触土面能发根，状似块根，甚为奇特。成株能开花，花冠壶形，褐红色（图 8-59）。

【应用】作吊盆栽培，别具特色。细长的枝叶，吊垂着心形的小叶，宛如项链中象征“爱”的心形坠子，柔情万千，颇有诗意，故有“爱之蔓”之称，常为青年男女喜爱和传情的礼物。

【养护要点】原产罗德西亚、南非。宜置于半遮光的明亮地方，不宜浇水过多，越冬最低温度 5℃以上。

蟹爪 *Zygocactus truncactus*

图 8-60 蟹 爪

仙人掌科蟹爪属。多年生常绿附生植物。茎扁平宽大，呈节状，节侧有 2～4 个锐角突出，花生在茎节的顶端，花瓣反卷，左右对称。花色极丰富，有红、紫红、橙红、白、粉红或金黄色等；花期通常在 12 月至翌年 1 月。有时可延至 5 月（图 8-60）。

【应用】蟹爪经嫁接可做成各种造型盆栽，整齐规划，宜在案头、茶几、花架上放置，绿茎红花，优雅美丽。亦可做成悬挂盆栽，蟹足横生，奇妙无穷。

【养护要点】产巴西雨林中。性耐旱，性喜温暖至高温，忌强光，生长适温 13～26℃。越冬最低温度 10℃左右。

昙花（月下美人）*Epiphyllum oxypetalum*

仙人掌科昙花属。株高 1～2.5m，叶已退化成叶状茎，茎有棒状及扁平形 2 种，花着生于扁平叶状茎的缺刻处，花开于初夏或深秋，花色纯白，我国华南地区常在夜间约 9～12 点盛开，清晨前即凋谢，因此白天难得一见盛开的美姿。即所谓“昙花一现”。

【应用】盛开的花洁如冰肌玉骨，又清雅芳香，是一种美丽珍奇的盆栽观赏植物。

【养护要点】原产巴西、墨西哥热带雨林。喜温暖，不耐寒，喜湿润、半阴，宜富含腐殖质、排水好的微酸性沙壤土。

金琥（象牙球）*Echinocactus grusonii*

图8-61 金 琥

仙人掌科金琥属。多浆多肉植物。茎圆球形，单生或成丛，高可达1.3m，直径0.8m或更大，具21～37条棱，沟宽而深，峰较狭，球顶密被黄色绵毛，刺座大，被7～9枚金黄色硬刺呈放射状。花生于茎顶（图8-61）。

【应用】金琥体大而圆，翠绿球体衬托着金黄刚刺，宛如金玉镶成的艺术品，极其辉煌，大型球体盆栽置会客室、起居室，显示强劲豪爽的阳刚之美。

【养护要点】原产墨西哥中部干旱沙漠及半沙漠地带。性强壮，喜温暖，不耐寒；喜冬季阳光充足，夏季半阴。喜石灰质及含石砾的沙质壤土。生长适温20～25℃，越冬最低温度宜8～10℃。

'绯牡丹' *Gymnocalycium mihanovichii* var. *friedrichii* 'Red Head'

仙人掌科裸萼球属。园艺栽培品种，多浆植物。扁球状，直径3～5cm，深红、橙红、粉红或紫红色，易滋生子球，具8～12条棱，棱背薄瘦，其上簇生刺，花生于近顶端刺座上，漏斗形，粉红色，常数朵同时开放。

【应用】盆栽、吊盆或布置室内专类园。

【养护要点】原产巴拉圭。喜温暖，不耐寒；喜阳光充足，高温干燥，宜排水良好的土壤。嫁接繁殖。生长适温20～25℃，越冬温度8℃以上。除夏季适当庇荫外，多见阳光，栽培时光照愈强烈，球体色愈艳。浇水不可太勤。极耐干旱，约5～10天浇一次水即可。

8.1.5 花、叶共赏类

君子兰 *Clivia miniata*

石蒜科君子兰属。多年生常绿草本。根系粗大肉质。叶基部形成假鳞茎，二列状迭生，宽带形，长40～60cm，宽2.5～6cm，排列整齐，呈扇形。全缘，革质，常拱曲，深绿色。伞形花序顶生，有花20朵或更多，花冠漏斗状，6浅瓣裂，长5～8cm，橙色至红色（图8-62）。元旦至春节前后开花，不开花时也是高档的观叶植物，广为人们喜爱。亦有花叶品种，叶片上有白色或黄色的条斑。

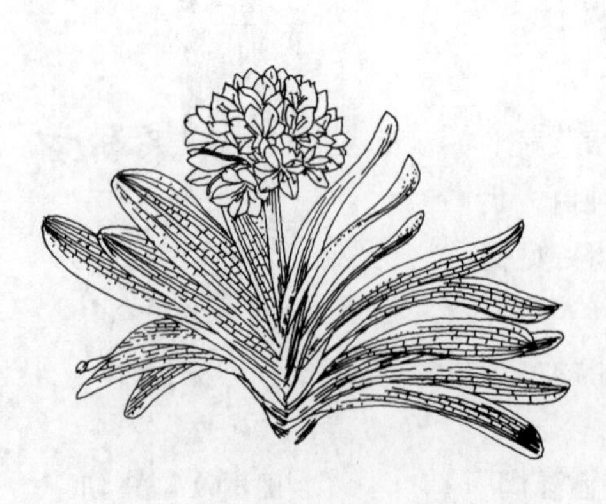

图8-62 君子兰

同属常见种有：

垂笑君子兰 *C. nobilis*：叶较窄而长，叶缘粗糙；伞形花序花较多，达40朵以上。花管状，微弯曲，长约4cm，开时下垂，淡红色，先端呈绿色。常于晚春开花。

杂种君子兰 *C.* ×*cyrtanthiflora*：是君子兰和垂笑君子兰两者的种间杂交种，叶片形态与亲本相似，主要特点为花冠筒较窄，不及大花君子兰的花开展，花下垂，橙红色，微带绿色。

【应用】君子兰高雅、清丽，英姿勃发，摆设在起居室、书房，布置会场，点缀宾馆大厅和商店橱窗等，显得庄重大方，颇有分量。若作会堂布置，其挺立规整的株形间，透出一股正义和刚强的豪气，深得人们的喜爱。

【养护要点】原产非洲南部温暖干旱森林地区。喜温暖凉爽的环境，生长的最适温度为15~25℃。具一定的抗寒性，越冬最低温度5℃以上。夏季气温较高时，表现不佳。

彩叶凤梨（羞凤梨、五彩凤梨）*Neoregelia carolinae*

凤梨科彩叶凤梨属。多年生常绿附生草本。株高约20cm，呈扁平的莲座状，叶水平伸展，中心形成一“蓄水槽”。叶片长约30cm，宽4cm。绿色的叶片染有古铜色，革质稍硬，有光泽，边缘有细锯齿；开花时靠近中部的叶片变成鲜红色。园艺上已培育出大量的美丽杂交种。

【应用】叶革质闪亮，适合于小型窗台美化或吊盆栽培观赏。

【养护要点】大多数原产于巴西东南部。喜明亮的散射光，冬季适宜温度15℃以上，夏季应常叶面喷水和遮光。

图8-63 果子蔓

果子蔓 *Guzmania × insignis*

凤梨科果子蔓属。多年生附生草本植物。盆栽高度30cm，冠幅可达80cm。叶片浅绿色，背面微红，稍薄而光亮，边缘无刺，呈松散的莲座状排列。多在25片叶以后开花，花莛常高出叶丛20cm以上，花莛、苞片及靠近花莛基部的数枚叶片均呈红色，十分艳丽（图8-63）。

【应用】色彩艳丽，观赏期长达2个月。较其他凤梨相对耐阴，适合在室内明亮的散射光下观赏。

【养护要点】绝大多数原产于南美洲西北部的热带雨林地带。喜疏松基质和温暖的半阴环境。越冬最低温度10℃以上。莲座状“水槽”保持清洁水，并常向叶面喷水增加湿度，有利于吸芽生长和延长观花期。

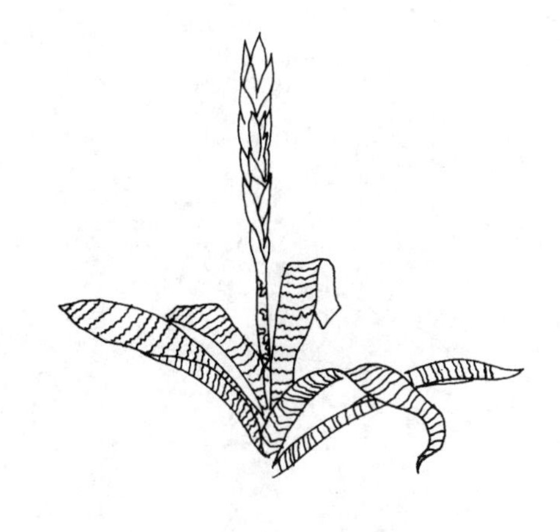

图8-64 丽穗凤梨

丽穗凤梨（红剑凤梨、花叶凤梨、虎纹凤梨）*Vriesea splendens*

凤梨科丽穗凤梨属。多年生常绿附生草本植物。高可达1m。叶质硬，约20枚叶片组成疏松的莲座状杯状叶丛，可以贮存水分；叶长条形，长约30cm，宽4cm，深绿色，上面有黑紫色的横条状斑纹。穗状花序高达60cm，顶端长出一组扁平而由多枚鲜红色苞片组成的剑状花序；花黄色，长约4~5cm，从苞片中生出（图8-64）。

【应用】美丽的苞片历久不凋，可维持数月。是一种美丽的观叶观花的室内盆栽植物。

【养护要点】原产墨西哥、中南美洲，大多原产于巴西。正常生长温度18~25℃，越冬最低温度13℃。喜半阴、高湿的环境。

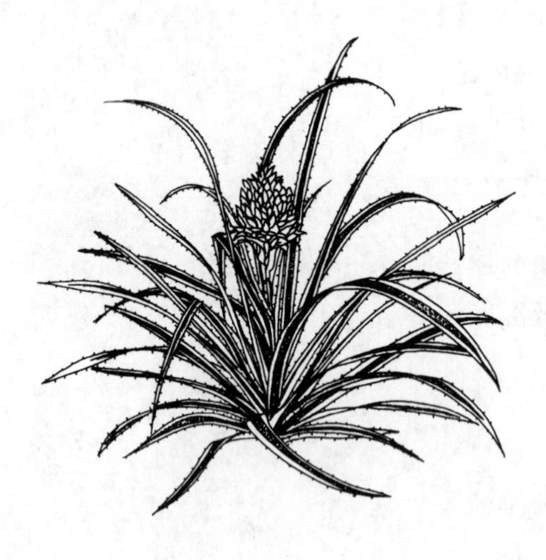

图 8-65 '艳'凤梨

'艳'凤梨('斑叶'凤梨、'金边'凤梨) *Ananas comosus* 'Variegata'

凤梨科凤梨属。是食用凤梨（菠萝）的一个花叶园艺品种。多年生常绿草本植物。常见的凤梨科植物多为附生种，本种为地生种。株高可达 1m，盆栽时较矮小。光亮的灰绿色叶片两侧有宽的乳黄色及粉红色的条斑。高出叶丛的顶生穗状花序密集成卵圆形，为带红色的果实——凤梨。果实上下可长出许多蘖芽（图 8-65）。

【应用】是优良的室内观叶和观果植物。通常盆栽放在明亮的居室中欣赏，对北方室内干燥的环境有较强的适应能力。

【养护要点】原产巴西。喜温暖、光、湿润通风的环境。

图 8-66 铁 兰

铁兰（紫花凤梨、紫花木柄凤梨）*Tillandsia cyanea*

凤梨科铁兰属。多年生附生常绿草本植物。无茎，叶片呈莲座状丛生，叶窄长，质硬，长 30 ~ 40cm ，宽 1.3 ~ 2.5cm，灰绿色，叶片较开展，几乎无叶筒，叶数较多。花茎稍短，不伸出叶丛；花序呈椭圆形的羽毛状，苞片二列，对称互叠，粉红色或红色；苞片间开出蓝紫色的小花（图 8-66）。

【应用】花色艳丽，花期甚长，自秋至春。是很受人们喜爱的室内盆栽植物。

【养护要点】原产厄瓜多尔、危地马拉。喜温暖，生长温度应在 16 ~ 22℃以上，越冬最低温度 13℃。喜半阴、高湿的环境，需用软水浇灌。

图 8-67 美叶光萼荷

美叶光萼荷（蜻蜓凤梨、粉波罗）*Aechmea fasciata*

凤梨科光萼荷属。多年生附生草本。茎甚短；叶丛呈莲座状紧密排列，基部呈筒形，可以贮水，叶片长可达 60cm，革质，有蜡质灰色鳞片，灰绿色，有虎斑状银白色横纹。花序呈穗状、直立、有分枝，密聚成阔圆锥状球形花头；苞片革质，尖端为淡玫瑰红色；小花蓝色（图 8-67）。

【应用】叶形、叶色及叶片上的各种花纹、斑块变化多，色泽艳丽，每年冬春季节开花，多年来已风靡世界各地，是极好的室内盆栽观叶植物。对环境的适应能力强，栽培较易。用来美化房间，布置客厅、书房或卧室均较适宜。在明亮的房间内可以常年欣赏。

【养护要点】原产巴西。耐阴，耐旱；较耐寒，越冬最低温度 5℃以上。喜明亮光，忌夏季直射光。

水塔花（比尔见亚、红藻凤梨）*Billbergia pyramidalis*

图 8-68 水塔花

凤梨科水塔花属。常绿多年生附生草本植物。茎甚短。叶阔披针形，鲜绿色，革质；较硬，表面有厚角质层和吸收鳞片。基部呈莲座状排列，相互紧密抱合，使叶丛中心形成杯状，可以贮水而不漏。故名水塔花或水槽凤梨。由于原产地旱季和雨季界限分明，该植物可以依赖下雨贮存的水维持生长。穗状花序直立，高出叶丛，苞片粉红色，花冠朱红色，甚鲜艳。自然花期在冬春季，观赏花期较短（图 8-68）。

【应用】叶片青翠或斑斓绚丽；花序硕大，色泽醒目，叶、花俱美，为室内陈设佳品。

【养护要点】原产南美热带地区。越冬最低温度 10℃ 以上。喜明亮光，忌夏季直射光。用软水或雨水浇灌。

姬凤梨（紫锦凤梨、海星花、无茎隐花凤梨）*Cryptanthus acaulis*

图 8-69 姬凤梨

凤梨科姬凤梨属。多年生常绿草本植物。地生种，植株矮小，高仅 8cm 左右。几乎无茎。外轮叶腋间有匍匐茎，叶片呈莲座状排列，呈星形，叶片反曲，质硬，边缘呈波状，有刺，绿色，背面有银白色的鳞片。花白色，聚成近无柄的花序，隐于莲座状的叶丛中（图 8-69）。

【应用】其体态端庄，株型小巧，适宜室内案头、桌几摆饰，很耐观赏。

【养护要点】原产巴西。喜温暖的环境，越冬最低温度为 10℃ 以上，喜半阴。由于姬凤梨莲座状叶片扁平，叶筒中贮存水少，耐干旱能力较凤梨科其他植物差。栽培中注意多向叶面喷水。要求软水或雨水浇灌，喜较高的空气湿度。

红鹤芋（火鹤花）*Anthurium scherzerianum*

图 8-70 红鹤芋

天南星科花烛属。多年生常绿草本植物。株高 30～50cm。茎甚短。叶革质，长圆披针形，长约 20cm，宽 8cm。佛焰苞宽卵圆形，长约 10cm，深橙红色，似蜡质，有光泽；佛焰花序呈扭曲状。栽培品种很多，主要是佛焰苞呈深红、粉红、白色或带斑点等品种（图 8-70）。

同属常见栽培种有：

水晶花烛 *A. crystallinum*：叶卵状心形，长 25～38cm，暗绿色，有光泽，上面描绘着银白色的叶脉，给人以天鹅绒般的柔滑感觉。幼叶偏粉古铜色。

花烛（红掌、安祖花）*A. andraeanum*：叶具长柄，长圆状心形，长 15～20cm，深绿色。佛焰苞橘红至鲜红色，直立、平展、革质，正圆状卵圆形，上面略呈波纹状，花序黄色。

【应用】是国际花卉市场上新兴的切花和盆花。全年可开花。切花水养期可达半个月以上。其苞美、叶秀、观赏期长，是优雅的室内

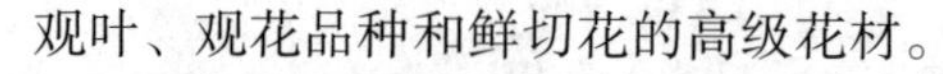
观叶、观花品种和鲜切花的高级花材。

【养护要点】分布于哥伦比亚西南部。喜高温高湿，适当蔽荫，宜排水良好的土壤。越冬最低温度不可低于15℃。

图8-71 苞叶芋

苞叶芋（白鹤芋、白掌）*Spathiphyllum wallisii*

天南星科苞叶芋属。多年生常绿草本植物。无茎或茎甚短，高约3cm。叶披针形，顶端尖。佛焰苞披针形，长可达25cm，外面绿色，里面白色（图8-71）。

同属常见栽培种有：

香水白掌 *S. patinii*：叶倒椭圆形，厚质，浓绿光亮，肉穗花序有香气。

‘绿巨人’苞叶芋 *S. cannifolium*：是近些年引入的大叶品种，深受人们欢迎，植株高大，可高达1m左右。十分耐阴，适于较大厅堂的摆放布置之用。

【应用】是国际花卉市场上新兴的切花和盆花。全年可开花。切花水养期可达半个月以上。其苞美、叶秀、观赏期长，是优雅的室内观叶、观花品种和鲜切花的高级花材。

【养护要点】产南美洲北部。要求高温高湿，适当蔽荫，宜排水良好的土壤。越冬温度不可低于15℃。

8.2 室内观花植物

8.2.1 木本类

白兰花（白兰、把儿兰、缅桂）*Michelia alba*

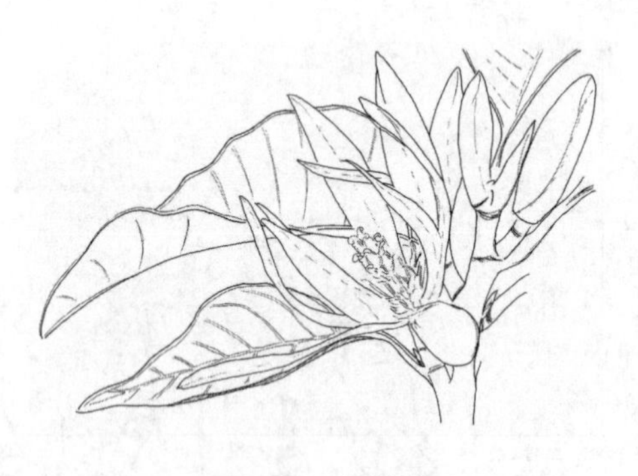
图8-72 白兰花

木兰科含笑属。常绿阔叶乔木。树皮灰白褐色，有纵纹，嫩枝绿色。单叶互生，长椭圆至椭圆形，浅绿色，革质、有光泽。花白色，长约4 cm，单生于叶腋间，有短花柄，具浓香，含苞欲放时香味最浓（图8-72）。

【应用】为室内大型盆花，冬季可观叶，夏季闻香赏花。可陈设在宾馆大厅、办公大厅等一角或门厅两侧，四季碧绿油亮的绿叶和奶黄色的花苞及其散发出四溢的清香，使人忘却工作的疲劳和烦恼。

【养护要点】原产东南亚热带地区。白兰花为肉质根，盆栽白兰花必须用疏松、透气、含腐殖质丰富的土壤。不耐寒，越冬最低温度10℃以上。

米兰（树兰、四季米兰）*Aglaia odorata*

楝科米仔兰属。常绿灌木或小乔木。分枝多而密。叶片小而呈嫩绿色，有光泽，羽状奇数复叶。花序腋生，花小似粟粒，金黄色；新梢开花，盛花期为夏秋时节，如温度适合，其他季节也可开花（图8-73）。

【应用】枝叶繁茂，株形秀丽，开黄色小花，清香四溢，气味似兰花，深受人们喜爱。陈设在光亮的大厅南窗一侧，与绿色外景相映，使人们感到清新而舒畅。

【养护要点】产我国南部各地和亚洲东南部。喜光，越冬最低温度应在10℃以上。

图8-73 米 兰

扶桑（朱槿、朱槿牡丹）*Hibiscus rosa - sinensis*

锦葵科木槿属。常绿灌木。盆栽高度1～1.5m。叶互生，广卵形至卵形，长锐尖，叶面深绿色有光泽，似桑叶。花大，单生于叶腋间，径10～18cm，阔漏斗形，有白、粉、红、紫红、橙、黄等多种花色变化。并有半重瓣、重瓣及斑叶的品种。花期夏季，冬春在室内也可开花（图8-74）。

图8-74 扶 桑

同属观赏种还有：

拱手花篮（吊灯花、风铃扶桑花）*H. schizopetalus*：常绿灌木，花有长柄倒挂，呈美丽的花篮状，花瓣具深细裂而反卷。

木芙蓉 *H. mutabilis*：落叶灌木或小乔木。花期在9～10月，花大，单瓣或重瓣，有白色、粉红色。

【应用】花期很长，花大色艳，可布置会场、展厅等，以增添热烈的气氛。

【养护要点】原产印度东部和中国。喜温暖湿润，不耐寒，要求光照充足，宜肥沃而排水良好的土壤。

茉莉花（抹厉）*Jasminum sambac*

木犀科茉莉花属。常绿灌木或藤本。株高0.5～2m。单叶对生，宽卵圆形或椭圆形，长3～9cm。聚伞花序顶生，有花3～9朵；花冠洁白，单瓣或复瓣，有的凋萎时变成暗红色。甚芳香（图8-75）。

【应用】叶色翠绿、花色洁白、香味浓郁，点缀室内空间，清雅宜人。

【养护要点】产我国西部和印度。喜强阳光和温暖。越冬最低温度10℃以上。

图8-75 茉莉花

两色茉莉（鸳鸯茉莉）*Brunfelsia latifolia*

茄科鸳鸯茉莉属。常绿灌木，高约1 m。单叶互生，长椭圆形，先端渐尖。花单朵或数朵簇生，花冠呈高脚碟状，有浅裂，初开放时为蓝紫色，渐呈淡雪青色，最后变成白色。由于开花有先后，在同一株上能看到不同颜色的花，故名两色茉莉。花芳香，但其香味不同于普通茉莉花（图8-76）。

图8-76 两色茉莉

【应用】两色茉莉的英文名为昨天、今天和明天（Yesterday，Today & Tomorrow），即描述花色的变化，昨天蓝紫色，今天白紫色，明天白色。用这种盆栽点缀厅堂、居室，观其特具风采的色、香、姿、韵，使人们身心放松。在较大的室内空间中，如能成丛摆放，则更加清雅宜人，富诗情画意。

【养护要点】原产美洲热带。喜温暖和充足的阳光和水分，越冬最低温度10℃以上。

图 8-77 八仙花

八仙花（绣球、阴绣球）*Hydrangea macrophylla*

八仙花科绣球属。落叶灌木，高1~4m。叶对生，椭圆形至阔卵形，长6~18cm，边缘有粗锯齿。花序顶生，呈巨大的伞房状球形，甚美丽；有白、粉、红、蓝等色，在花开放的过程中色彩常有变化（图8-77）。花期甚长，从5月开始一直到秋末。

常见园艺品种有：

‘阿瑞娅’*H. macrophylla*‘Adria’：花暗粉红色。

‘鲍登斯’*H. macrophylla*‘Bodensee’：花中心白色，周边浅蓝色。

‘拉伯拉’*H. macrophylla*‘Lavblaa’：花蓝色。

‘柳科夫尔’*H. macrophylla*‘Leuchtfeuer’：花绛红色。

【应用】八仙花为耐阴花卉，可用以布置展室、厅堂、会场等。其花团锦簇，色彩艳丽，令人悦目神怡。

【养护要点】原产我国，分布于长江流域以南各省区。属暖温带半耐寒性落叶灌木，在我国长江流域各地普遍露地栽培。性喜温暖湿润及半阴的环境。宜肥沃、富含腐殖质、排水良好的稍黏质土壤。为酸性植物，不耐碱，适宜的土壤酸碱度为pH值4.0~4.5。八仙花的花色与土壤酸碱度相关。粉色的八仙花，若土壤呈酸性反应时花色变蓝。

叶子花（三角花、宝巾）*Bougainvillea spectabilis*

紫茉莉科叶子花属。常绿攀缘灌木。茎上有刺。花生于新梢顶部，常3朵簇生于3枚较大而色彩艳丽的苞片内，苞片呈叶状，故名，是主要观赏部位，因品种不同颜色和形态有变化，有鲜红、砖红、粉红、橙黄、紫红及白色。花期极长，从11月至翌年的5月。

【应用】叶子花的盛花时节，嫣红姹紫，着眼欲迷，艳丽无比，给人以热情奔放的感觉，是国际上著名的开花盆栽植物。可在宾馆大厅、候机大厅、办公大厅等处作花坛布置，使人们如置室外花园，感受一派南国风光。

【养护要点】原产巴西。性喜温暖湿润光照充足的环境，不耐寒，冬季室温不可低于7℃。

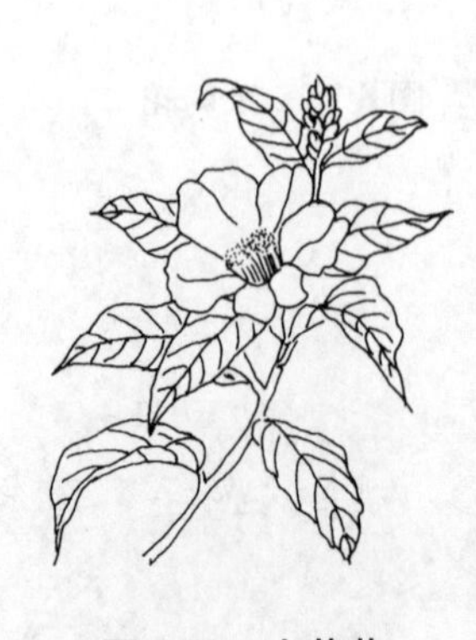

图 8-78 山茶花

山茶花（茶花）*Camellia japonica*

山茶科山茶属。常绿灌木或小乔木。叶互生，革质，椭圆形，有短柄，单叶，缘具锯齿。花大型，常着生1花或2~3花于枝条的顶端或叶腋间；花单瓣或重瓣，直径5~6cm或更大，花色有白、粉红、紫红及部分过渡色，园艺品种甚多（图8-78）。

同属常见栽培种有：

南山茶（云南山茶、大山茶）*C. reticulata*：植株通常较山茶花大，花的直径可达8～18cm，花色有白、粉、玫瑰红至深紫红，或在花瓣上间有白色条斑。栽培品种甚多，大多为重瓣花。是云南省特产，抗寒性和耐热性均较差。

茶梅 *C. sasanqua*：植株较山茶花小，枝条细密。花型亦较小，直径3.5～7cm，单瓣或重瓣，花色自白色至粉红及玫瑰红和深紫红色。稍有香味。长势强健，栽培普及。

【应用】山茶花花姿丰盈，端庄高雅，是我国十大传统名花之一，也是世界名花之一。宜在大厅一侧或两侧成丛摆设，或与花墙、亭前山石相伴，景色自然宜人。或点缀客房、书房和阳台，呈现典雅豪华的气氛。

【养护要点】原产温暖地区，性喜温暖湿润及半阴的环境，不耐烈日暴晒，不宜过冷、过热、干燥的环境。

栀子花（白蟾花、黄栀子）*Gardenia jasminoides*

茜草科栀子属。常绿灌木。小枝绿色。叶对生或3叶轮生，倒卵形，革质，有光泽，表面深绿色不平滑。花单生枝顶或叶腋，花冠高脚碟状，6裂，花芽时旋转排列，开展时白色稍肉质，有重瓣；甚芳香。花期6～8月（图8-79）。

图8-79 栀子花

【应用】栀子花味清香，花色淡雅，盆栽布置厅堂和居室均很相宜。

【养护要点】原产我国长江流域以南各地。喜温暖和充足的阳光，保持盆土湿润和一定的空气湿度，但避免积水。

龙船花（英丹花）*Ixora chinensis*

茜草科龙船花属。常绿灌木。叶对生，纸质，倒卵形至矩圆状披针形，长6～13cm。聚伞花序，顶生，花冠红色或朱红色（图8-80）。花期6～10月。

图8-80 龙船花

【应用】龙船花植株低矮，花叶秀美，叶常绿，花多，花期长，色彩艳丽，作盆栽观赏，小巧玲珑，高低错落。盆栽宜布置在窗台、阳台和客厅，团状花朵具稳重和整体的豪迈感。

【养护要点】原产我国南部，分布于台湾、福建、广东、广西。喜温暖的环境；越冬最低温度16℃。喜明亮的光线，避免夏季阳光直射。保持盆土湿润和一定的空气湿度，但避免积水。

龙吐珠 *Clerodendrum thomsonae*

马鞭草科大青属。常绿多年生藤本植物。茎长可达2～5m，茎四棱。叶对生，卵形或矩圆形，长6～10cm。聚伞花序腋生或顶生，花萼白色，较大，花冠上部深红色。花期春末至夏季。花开时深红色的花冠从白色的萼片中伸出，宛如龙吐珠之势，因此得名（图8-81）。龙吐珠为盆栽攀缘观花植物。常在盆上绑扎成各种形状的支架，人工引导枝条攀附，可长成不同形态的盆花。亦可通过修剪控制成为灌木状的盆花。

图8-81 龙吐珠

【应用】龙吐珠叶色浓绿，花萼如玉，花冠绯红，富有诗情画意。盆栽点缀窗台或阳台，体姿俊美，鲜明新奇。

【养护要点】原产热带非洲西部。喜温暖环境；越冬最低温度12℃以上。喜明亮的光线，避免夏季阳光直射。保持盆土湿润和一定的空气湿度，但避免积水。

桂花（木犀、崖桂）*Osmanthus fragrans*

图8-82 桂 花

木犀科木犀属。常绿小乔木，高可达15m，有的栽培品种呈小灌木状。盆栽通常高1～2m。叶片革质，光亮，椭圆至长披针形，长4～12cm，宽1～4cm。花多生于当年生的枝条上，花芽2～4个叠生，每芽有花3～9朵，花密集，有黄白、浅黄、橙黄和橙红等色；花冠长3～4.5mm，4裂，甚芳香（图8-82）。

桂花是中国传统十大名花之一，我国有2 500年以上的栽培历史。品种比较多，可分为5个品种群，有近百个栽培品种。

金桂品种群 Thunbergii Group：花黄色至浅橙黄色（RHS18－22），秋季开花。

银桂品种群 Latifolius Group：花色浅，白色、浅黄至中黄色（RHS2－12），秋季开花。

丹桂品种群 Aurantiacus Group：花色橙黄色至橙红色（RHS23－35），秋季开花。

四季桂品种群 Fragrans Group：除盛夏外，几乎终年均可开花，花色变化大，一般冬季色较深，通常与银桂颜色相似。

彩叶桂品种群 Colour Group：其植物品种的枝条或叶片（营养体部分）具有鲜明的彩色变异（绿色除外），并可保持全年或在半年以上，形态稳定，表征一致。

【应用】其树冠圆整，四季常青，花期正值金秋，香飘数里，是我国传统的园林花木。金秋时节，引入室内作大型盆栽和桶栽，浓香四溢，香飘满室，或单盆陈设或与秋色叶盆栽同配置，有色有香，共同点缀秋色美景。

【养护要点】原产我国西南部喜马拉雅山东段。越冬最低温度5℃。喜光，应经常保持盆土有足够的水分和经常向叶面喷水。冬季减少浇水。

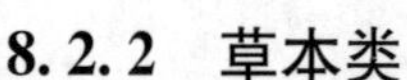

8.2.2 草本类

瓜叶菊（千日莲）*Senecio × hybridus*

图8-83 瓜叶菊

菊科千里光属。多年生草本植物，作一、二年生盆花栽培。是由原产加那利群岛的瓜叶菊和其他一些种在英国杂交培育成的。品种不同，高矮差异比较大，矮的仅20cm，高的可达90cm。叶片大，似瓜类叶片，呈三角状心形。头状花序簇生成伞房状；每个头状花序周边是舌状花，中央为筒状花，花色有白、粉红、玫瑰红、紫、蓝及各种复色（图8-83）。

【应用】植株矮小，花型大，花密集。五彩缤纷，富丽堂皇。花期可由12月至翌年的5月。是冬春季重要的温室盆花，开花时正值我国北方隆冬时节，为元旦、春节的主要室内花卉。

【养护要点】喜充足的光线，喜温暖潮润。怕寒冷。

朱顶红（孤挺花）*Hippeastrum vittatum*

石蒜科朱顶红属。多年生草本植物。有肥大的球状鳞茎，外皮黄褐色或淡绿色，褐色皮开红花，绿色皮开白花或白色带彩色斑纹。叶两侧对生，阔带状。伞形花序，有花2~4朵；花大型，漏斗状，花色有红、粉、紫、白、复合色及各种过渡色（图8-84）。花期春夏。

图8-84 朱顶红

同属常见栽培种有：

杂种朱顶红 *H. hybridium*：品种甚多，色彩丰满，生长势强。

美丽孤挺花 *H. auticum*：冬季开花，花深红色或橙红色。

短筒孤挺花 *H. reginae*：春季开花，花红或白色。

网纹孤挺花 *H. reticulatum*：春季开花，花粉红或鲜红色。

【应用】花大，色艳丽，喇叭形，极为壮丽悦目。适宜盆栽，作室内几案、窗前的装饰之用，也可配置花坛或作切花。

【养护要点】原产秘鲁。喜温暖湿润。

鸡冠花 *Celosia cristata*

苋科青葙属。一年生草本花卉。常见矮生品种仅10~15cm高。肉质花序扁平，顶生，似鸡冠状；色彩有白、黄、橙黄、淡红、红、紫红等。花期由夏至秋。

变种凤尾鸡冠 *C. cristata* var. *pyramidalis*：花序呈羽状三角圆锥形，色彩多变，深浅不同，亦有两色相间者。

同属常见栽培种有：

青葙 *C. argentea*：花序穗状，银白色或幼嫩时粉红色。秋季叶色变红。

【应用】色彩艳丽，质感好，具丝绒般的光泽。宜作室内大厅中的大型花坛色块配置。

【养护要点】原产印度。喜温暖，喜强光和充足的土壤水分。

风信子（洋水仙、五色水仙）*Hyacinthus orientalis*

百合科风信子属。多年生草本植物。地下鳞茎球形，株高20~50cm。叶厚，披针形，先端钝圆，4~8枚。花序自叶丛中抽出，顶端着生总状花序，有小花10~20朵，排列紧密；小花漏斗状，倾斜，花梗短，花冠具6裂片，反卷，花长2~3cm，有白、黄、粉、红、蓝等色（图8-85）；有香味。花期3~4月。

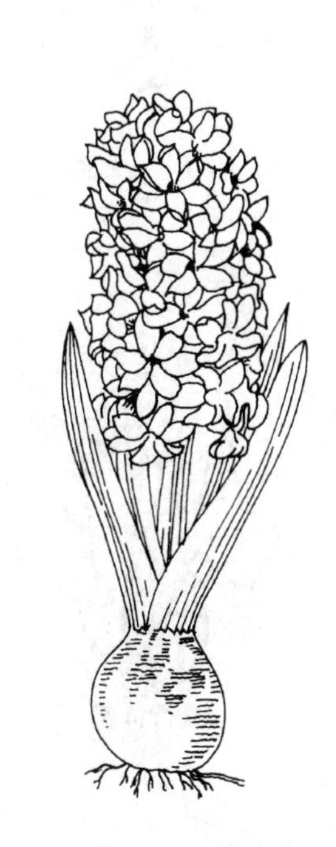

图8-85 风信子

【应用】风信子植株低矮整齐，花色鲜艳明亮，点缀窗台、阳台和案头，青翠光亮。鳞茎也适用于水养观赏，新奇别致，很有品味。成片摆放在公共场所和配置景点，更是鲜艳夺目，具有浓厚的春天气息。

【养护要点】原产欧洲、非洲南部和小亚西亚一带。喜凉爽、湿润、阳光充足。

非洲菊（扶郎花）*Gerbera jamesonii*

图8-86 非洲菊

菊科扶郎花属。多年生草本植物。多数叶基生，长椭圆状披针形，长12~25cm，宽5~8cm，羽状浅裂或深裂，背面毛较多而长。头状花序单生，直径8~12cm或更大，舌状花在周围，条状披针形，通常为橙红色，新品种很多，有红、黄、白及各种深浅的中间色，管状花在中心部分（图8-86）。

【应用】是世界五大切花之一。非洲菊通常分切花品种和盆花品种两大类。盆栽专用品种的植株较矮，花莛亦较短。品种多，甚受欢迎。用它布置桌几、窗台、阳台，显得生机勃勃，热情洋溢。

【养护要点】原分布于南非。喜明亮、温暖、湿润的环境。

大丽花（西番莲、大丽菊）*Dahlia pinnata*

图8-87 大丽花

菊科大丽花属。多年生草本。具粗大纺锤形肉质块根；株高50~150cm。头状花序顶生，花径大小与品种有较大关系，5~35cm，花色丰富，有黄、白、粉、橘红、紫、紫红等（图8-87）。花期5~10月。

已培育出矮生大丽花品系，又称小丽花，花径5~6 cm，花色较多，有单瓣亦有重瓣。

【应用】花大色艳，花姿诱人。盆栽在大厅成丛摆放，或点缀室内外阶前、走廊两侧，显典雅富丽，春色盎然。

【养护要点】原产墨西哥、哥伦比亚、危地马拉等国。喜凉爽和较高的空气湿度；矮生大丽花（小丽花）耐高温能力较强。喜充足的阳光。经常保持充足的水分，但要求土壤透气和排水良好，忌盆土积水。

石竹（洛阳花、洛阳石竹、中国石竹）*Dianthus chinensis*

图8-88 石 竹

石竹科石竹属。多年生草本植物，常作一、二年生花卉栽培。株高20~40cm。叶对生，线状披针形，基部包茎。花单生或数朵簇生，色彩丰富，有白、粉、红、紫及各种复色；有香味；花径2~3cm，花瓣5枚（图8-88）。花期4~5月。变种和园艺品种较多。

同属常见栽培种有：

须苞石竹（美国石竹）*D. barbatus*：二年生草本，亦可多年生，较高，约60~70cm，花小而多，密集成头状聚伞花序，花色丰富，深受欢迎。

少女石竹 *D. deltoides*：茎匍匐于地面，叶小而短，花白、粉、淡紫，宜作地被植物。

香石竹（康乃馨）*D. caryophyllus*：通常的品种是作切花用，亦有盆栽用品种。

【应用】石竹形似竹，花朵繁密，色泽鲜艳，质如丝绒。点缀居室、窗台、阳台，具有新鲜感和时代感。或在大厅门前阶旁或楼梯台阶一侧摆放，无不增添室内的喜庆和春意。

【养护要点】原产我国，分布很广，东北、华北、西北以及长江流域均有栽培。喜强阳光和稍干燥凉爽的环境。

长春花（日日草、四时春）*Catharanthus roseus*

夹竹桃科长春花属。多年生常绿草本植物，在热带地区常呈亚灌木状。有时作为一年生盆花栽培。茎直立，多分枝，一般高 40cm 左右。叶对生，主脉白色明显。聚伞花序顶生或腋生，花冠呈高脚碟状，5 裂，玫瑰红色、黄色、白色或白花红心（图 8-89）。

图 8-89 长春花

【应用】花期较长，可从 5 月开至 9 月。花色花姿柔美悦目。长势强健，栽培容易。喜温暖和充足的阳光，可作室内盆栽，大厅花坛用花。

【养护要点】原产南亚、非洲东部及美洲热带。喜温暖和充足的阳光。

长寿花（伽蓝菜、寿星花）*Kalanchoe blossfeldiana*

景天科伽蓝菜属。多年生草本多浆植物。叶片深绿色、肥厚，节间短，株高 10 ~ 30cm。花期 1 月初至 4 月底，圆锥状聚伞花序，花序多，花小而密集，色艳。有深玫瑰红色、粉红、橙红、大红、黄色及白色等品种（图 8-90）。

图 8-90 长寿花

【应用】植株矮小，株形紧凑，花朵细密拥簇成团，整体观赏效果极佳。由于分枝多，花序密集鲜艳，可将叶片全部遮住。适合中小盆栽植，也可多数植株拼成大盆或花坛。用于布置书房、客厅或会议室等较适宜。

【养护要点】原产马达加斯加岛。长寿花抗干旱能力强，喜充足的阳光和温暖的环境。

天竺葵（洋绣球、石蜡红）*Pelargonium hortorum*

牻牛儿苗科天竺葵属。多年生常绿草本植物或亚灌木。全株有特殊气味。茎稍多汁，基部木质化，被柔毛。叶互生，圆形至肾形，基部心形，边缘有波形的钝锯齿，绿色的叶片上常具有暗红色马蹄状晕环。伞形花序生于嫩枝顶部，花序柄长可达 20cm，花数朵至数十朵，有深红、大红、桃红、玫瑰红、洋红、粉红、白等色（图 8-91）。花期较长，从秋季一直开至翌年 6 月。

图 8-91 天竺葵

天竺葵常见栽培种有：

大花天竺葵（洋蝴蝶、蝴蝶天竺葵、毛叶入腊红）*P. domesticum*：叶片有不明显的浅裂，边缘具尖齿，叶片软皱不具蹄状斑纹。品种甚多，花色有白、粉红、淡紫、褐、红等色。花期也较长，是优良的盆栽花卉。

香叶天竺葵（摸摸香、香叶）*P. graveolens*：多年生常绿草本植物，高 50 ~ 70cm。叶片呈掌状，5 ~ 7 深裂至近基部，叶面皱，有锯齿。叶片具浓郁芳香，触碰后香味更浓，稍有异味。花甚小，粉红色。

盾叶天竺葵（蔓生天竺葵）*P. peltatum*：多年生蔓生常绿草本。茎细弱、光滑；叶稍肉质、盾形，全缘。常作为盆栽花卉。有许多品种。花色有白、粉、红、紫等。

【应用】天竺葵花期长，对环境适应性强，株形大小适合于家庭盆栽，繁殖容易，故很受人们欢迎，是我国家庭最普及的盆栽花卉之一。适合在家庭向阳的窗台、阳台、案头较长时间栽培观赏。也适用于厅室、餐车、会场等公共场所摆放，形成热情洋溢的气氛。

【养护要点】原产非洲南部。喜阳光，怕水湿，稍耐干燥，耐旱性强，喜温暖而怕高温。

何氏凤仙（四季凤仙、玻璃翠）*Impatiens holstii*

图 8-92 何氏凤仙

凤仙花科凤仙花属。多年生常绿草本植物。植株高20~40cm，茎稍多汁，光滑无毛。叶片翠绿色，边缘有锐锯齿。花大，直径可达4~5cm；只要温度适宜可全年开花。花色有白、粉红、洋红、玫瑰红、紫红、朱红及复色（图 8-92）。

常见栽培种有：

苏丹凤仙 *I. sultanii*：四季有花，茎上有紫色晕，花朱红色，也有深红、粉红、白色等。

新几内亚凤仙杂交种 *I.* New-Guinea：色彩艳，花大，长势健壮。

【应用】何氏凤仙茎叶光洁，花色繁多，色彩绚丽明快，四季开放，是优美的盆花。居民家中盆栽十分普及。也可作为大厅布置花坛用花。

【养护要点】原产非洲热带东部。喜日光充足和高温、高湿，怕寒冷。

四季秋海棠 *Begonia semperflorens*

秋海棠科秋海棠属。多年生常绿草本植物。茎直立，多分枝，稍多汁，肉质，秃净光滑。叶卵圆至广卵圆形，基部斜生，缘有齿及毛，有绿、紫红或带紫晕等变化。雌雄同株异花，聚伞花序腋生，花色有红、粉和白等色，单瓣或重瓣。

常见栽培种有：

银星秋海棠 *B. argenteo-guttata*：亚灌木，茎红褐色，平滑直立，高60~150cm。叶片长圆形至长卵圆形，叶面绿色，上面密生银白色斑点，叶背面呈紫红色。有粉红色、白色或深红色的巨大花序，长可达30cm以上，十分美观。

红花竹节秋海棠 *B. coccinea*：亚灌木，高40~100cm。茎绿色，较纤细，枝条易平伸，节部有痕，非常明显，分枝性强。叶片为斜长椭圆形，具长尖，质稍厚，叶缘呈波浪状，叶片稍小于银星秋海棠，叶面光亮。花序腋生、大型、下垂；花鲜红色，有粉红色的变种。

多叶秋海棠 *B. foliosa*：基部半灌木状，枝条下垂或半直立，叶片长约1cm，花白色，甚小。极适合家庭小盆栽植，或作垂吊观赏。

红筋秋海棠 *B. scharffii*：亚灌木，高30~60cm。叶片卵状心形，上面具红色脉，背面紫红色。茎和叶片上均有绒毛。

绒叶秋海棠 *B. cathayana*：高 35～50cm。叶片斜卵圆状心形。茎及叶密被红色绒毛。叶片上有蟆叶秋海棠一样的斑纹。花朱红色或白色，9 月开花，为极美丽的直立型观叶种类。产于我国云南。在栽培中注意尽量少向叶面喷水。较银星秋海棠更喜阴湿。

【应用】四季秋海棠四季有花，开花极茂，是良好的盆栽花卉。由于它比较耐阴，体型也较小，开花时甚适合用来美化居室、会议室和宾馆室内，也可作为花坛用花。

【养护要点】原产巴西低纬度高海拔地区、热带和亚热带林中潮湿的地方，不耐干旱。怕直射阳光，喜半阴和湿润的环境。怕高湿和寒冷。

球根秋海棠（茶花秋海棠）*Begonia tuberhybrida*

秋海棠科秋海棠属。多年生块茎草本植物。块茎呈不规则的扁球形，褐色。株高30 cm左右。叶片呈不规则的心形，先端锐尖，基部偏斜，叶面深绿色。腋生聚伞花序，花大而美丽，花径 5～10cm，花色有粉红、淡红、橘红、黄、乳白、白、紫红及多种过渡色（图 8-93）。

图 8-93 球根秋海棠

常见栽培种有：

丽格秋海棠（冬花秋海棠）*B. elatior*：冬春天开花。花大而多，色彩甚丰富。是欧美和日本冬春季市场上的主要盆花。

【应用】球根秋海棠是著名的球根盆栽花卉之一，花色娇嫩艳丽，花形优美、别致、变化比较大，以其绚丽多姿深受世界各国人民的喜爱。作为盆栽花卉在世界广泛栽培，是重要的商品盆花。开花时常用来美化客厅、卧室、会议室，可以在室内观赏 2 周左右。也常用球根秋海棠布置室内花坛，效果极好。

【养护要点】球根秋海棠是由数个原产于南美山区的野生种杂交培育出来的优良杂种。喜凉爽、湿润和半阴的环境。

倒挂金钟（吊钟海棠）*Fuchsia hybrida*

柳叶菜科倒挂金钟属。常绿亚灌木。盆栽时高 20～50cm，老茎干木质化明显。叶对生或轮生，卵形至卵状披针形，叶缘有疏齿。花序生于枝条顶端或叶腋间；花萼呈钟形，白或红色；花瓣有白、粉红、玫瑰红、紫及蓝色等（图 8-94）。

图 8-94 倒挂金钟

【应用】花色艳丽、花形奇特、花期较长，是优良的盆栽观赏种类。适用于各公共场所及家庭美化布置使用。

【养护要点】原产中南美洲山地。喜夏季凉爽而湿润、冬季温暖的环境，怕夏季高温炎热。

仙客来（萝卜海棠、兔耳花、一品冠）*Cyclamen persicum*

报春花科仙客来属。多年生草本植物。球茎扁圆多肉。近心形叶片着生在球茎的顶端中心，上面有银白色大理石样花纹，背面紫红色。花单生，花瓣蕾期先端下垂，花开时上翻，花色有紫红、玫瑰红、绯红、淡红、雪青及白色等（图8-95）。它的品种很多，常依颜色、形态不同区分。

【应用】仙客来为著名的温室盆栽花卉。花色艳丽、花形别致，烂漫多姿，是冬、春季节的优良盆花。花期长达数月，常用于圣诞及元旦、春节等传统节日的室内装饰，是深受人们喜爱的冬春季花卉。

【养护要点】原产于希腊、突尼斯等地中海地区。喜凉爽、湿润，怕高温。

图8-95 仙客来

四季樱草（四季报春、仙鹤莲）*Primula obconica*

报春花科报春花属。株高20～30cm，叶片长圆形至卵圆形，长约10cm，叶柄较长。伞形花序甚大、花朵繁密，色泽鲜艳，盛花期时可将叶片遮住。有白、粉红、洋红、紫红、蓝、淡紫等色（图8-96）。

报春花属大部分种类花大而美丽，色泽鲜艳。常见盆栽种有：

报春花（小花樱草、多花报春）*P. malacoides*：一年生草本。叶卵形至矩圆状卵形，叶背、花萼上有白粉。花莛较高，20～30cm，伞形花序2～6层，花小而多，白色、粉红色或深红色，有较浓的香味。花期1～4月。十分受人喜爱。较耐低温。

藏报春 *P. sinensis*：多年生草本植物，高10～20cm，叶片近圆形。花白、粉红、红或紫色，花萼膨大。早春开花。产于云南、西藏、四川等地。

邱园报春 *P. kewensis*：它是在英国邱园育成的杂交种，花黄色，芳香。

近年来国际园艺市场上盛行的大花报春 *P. hybridum* 是报春花属的两个不同种间的杂种一代（F_1）。花大，色艳，十分美丽。

【应用】四季樱草和多种报春花是重要的春冬季室内盆花。世界各地广泛栽培。可用来美化客厅、书房、卧室及多种办公场所，在室内可较长时间欣赏。通常12月至翌年4月开花，花期正值我国人民的传统节日——元旦和春节，可为节日增添不少喜庆的色彩。

图8-96 四季樱草

【养护要点】原产我国西南部。四季樱草和多种报春花比较耐寒，喜凉爽而湿润的环境，怕高温。

蒲包花（荷包花、元宝花）*Calceolaria herbeohybrida*

玄参科蒲包花属。多年生草本植物。作一年生盆花栽培，高15～20cm，茎叶被茸毛。花冠呈二唇状，下唇膨胀并呈荷包状，向下弯曲；上唇小，向前伸。花色变化较大，有黄、红、紫等色及各种斑纹，品种较多（图8-97）。

【应用】蒲包花花形奇特，既像元宝又像荷包，花色丰富，花期长，色彩鲜艳，正值春节应市，是很好的礼仪花卉，亲朋好友之间送上一盆鲜艳的蒲包花，使节日的气氛更为浓厚。可点缀在窗口、阳台或客厅，

图8-97 蒲包花

红花翠叶，顿时满屋生辉，热闹非凡。在商厦橱窗、宾馆茶室、机场贵宾室点缀数盆蒲包花，绚丽夺目，蔚然奇趣。

【养护要点】原产墨西哥。喜凉冷、高湿、明亮的环境，宜经常向周边环境喷水，但注意不要叶面喷水。

非洲紫罗兰（非洲堇）*Saintpaulia ionantha*

苦苣苔科非洲堇属。多年生常绿草本植物。茎甚短。叶片基生，叶柄较长，叶片呈卵圆形。全株生白色短毛，稍肉质（图8-98）。野生种花为蓝紫色。园艺品种甚多，达数百个。花有单瓣、半重瓣和重瓣；花色有白、粉红、洋红、紫红、蓝等色。

图8-98 非洲紫罗兰

【应用】现广泛栽培于世界各地，已成为一种重要的室内盆栽花卉。适于小盆栽植，开花时用来布置书房、卧室、办公室或客厅，是很好的盆花。不开花时也可作为小型观叶植物。

【养护要点】原产于东非热带地区。喜温暖和湿润的环境，怕高温、寒冷和干燥。由于这种植物叶片上密生绒毛，浇水和施肥时严禁洒在叶片上，更不能叶面喷水，否则易引起叶片腐烂。

大岩桐（落雪尼）*Sinningia speciosa*

苦苣苔科大岩桐属。多年生盆栽球茎花卉。球茎扁圆形。叶片长椭圆形，密生绒毛，稍呈肉质，常对生，少有3叶轮生。花顶生或腋生，呈钟形，大而美丽，有丝绒感，颜色有白、粉、红、紫红、蓝及复色（图8-99）。目前世界各地栽培的大岩桐均为园艺杂种，经多年杂交培育选择而成，是一种极好的春夏季温室盆栽观花植物。

图8-99 大岩桐

【应用】大岩桐花大色艳、花期很长，适宜盆栽观赏。可布置窗台、几案、会议桌或花架等。

【养护要点】原产巴西，喜温暖潮湿和明亮的环境。

喜阴花（红桐草）*Episcia cupreata*

苦苣苔科喜阴花属。多年生常绿草本植物。植株矮，仅高10余cm。叶对生、椭圆形，深绿色或棕褐色，长8cm，宽5cm，边缘有锯齿，基部心形，叶面多皱，密生绒毛，银白色的中脉从基部至尖端，中脉及支脉两侧呈淡灰绿色，叶背面呈浅绿色或淡红色。花单生于叶腋间，呈亮红色；花筒长约3.5cm，有毛；花冠直径2.2cm，呈红色。

【应用】可在明亮的室内长期欣赏，也可用于北面窗口的环境布置。可作小型盆栽观赏，或悬垂欣赏，也可作为室内花园的地被植物。

【养护要点】原产哥伦比亚、巴拿马、委内瑞拉等地。喜温暖、湿润和半阴的环境。

珊瑚花（水杨柳、巴西羽花）*Jacobinia carnea*

爵床科珊瑚花属。多年生常绿草本植物。高可达1m，多分枝，茎4棱。

图 8-100 珊瑚花

叶对生，卵圆至长圆形，长至15cm，深绿色，稍粗糙。顶生花序，呈假头状，形似菊花，长约12cm；苞片长圆形，长约2cm。花冠2唇，长约6cm，粉红色，有黏毛（图8-100）。

【应用】珊瑚花红色花序较大，色泽艳丽，稍耐阴，花期长。适于美化家庭和公共场所，装饰房间和厅堂。

【养护要点】原产美洲热带的巴西。喜温暖湿润和明亮的环境，不耐干旱。越冬最低温度12℃以上。

金苞花（黄虾花、厚穗爵床）*Pachystachys lutea*

图 8-101 金苞花

爵床科厚穗爵床属。多年生常绿草本植物。株高30~50cm，多分枝。叶片呈椭圆形、亮绿色，有明显的叶脉（图8-101）。通常在每个枝条的顶端产生含有多数密集而发达的金黄色苞片的花序，像一座金黄色的宝塔，金黄色苞片围着白色的花，十分美丽，有较高的观赏价值。

【应用】金苞花株丛整齐，花序巨大，花色鲜艳美丽，花期较长，深受人们喜爱。适合会场、厅堂、居室及阳台装饰。

【养护要点】原产秘鲁。喜温暖湿润和明亮的环境。

金脉爵床（金鸡腊、金叶木）*Aphelandra squarrosa*

爵床科金脉爵床属。多年生常绿草本植物。株高30~100cm。叶对生，长卵圆形，长15~30 cm；嫩绿色的叶片上有橙黄色的叶脉。秋季顶部开出黄色的管状花（图8-102）。

图 8-102 金脉爵床

【应用】金脉爵床是花和叶并美的盆栽观赏植物。作窗台、案头点缀，深受人们喜爱。

【养护要点】原产南美热带地区。喜高温、怕寒冷、较喜光。

马蹄莲（慈姑花、水芋、观音莲）*Zantedeschia aethiopica*

天南星科马蹄莲属。多年生常绿草本植物。株高50~70cm。叶基生，叶片箭形或戟形，有光泽，全缘。白色佛焰苞大型，呈马蹄形，中间包着黄色肉质圆柱状肉穗花序。花梗较长，为世界著名的切花用品种（图8-103）。花期不受日照影响，是我国冬季主要切花。

马蹄莲的同属植物约8种，常见栽培品种有：

‘银星’马蹄莲 *Z. albo-maculata*：叶片上有银白色的斑点，叶柄较短；佛焰苞为白色，花期稍晚，为7~8月。

‘黄花’马蹄莲 *Z. elliottiana*：株高60~100 cm，叶片上有半透明的白色斑点，叶柄较长；佛焰苞黄色，花期5~6月。

‘红花’马蹄莲 *Z. rehmannii*：株型矮小，约20~30cm；叶片呈窄戟形；佛焰苞粉红色至红色，也有白色类型；花期4~6月。

此外，国内栽培的尚有一些色彩十分艳丽的杂交马蹄莲品种十分漂亮，有‘紫星河’马蹄莲、‘粉波’马蹄莲和‘红艳’马蹄莲等。

【应用】马蹄莲叶片翠绿，形状奇特，佛焰苞形如马蹄，是世界著名的切花。株形和花均较矮的矮生品种，适合于中小盆栽培，开花时可用作室内美化布置，风格别致。

【养护要点】原产埃及、非洲南部。性喜温暖、潮湿和稍有遮荫的环境，不耐寒冷和干旱。

图 8-103 马蹄莲

玉簪（玉春棒）*Hosta plantaginea*

百合科玉簪属。多年生草本植物。叶成丛基生，卵状心形，具长柄，浅绿色有光泽，较薄。总状花序顶生，高出叶面；花洁白，形似发簪，花被筒长约 13 cm，浓香（图 8-104）。花期夏季。变种有重瓣玉簪，花重瓣，稍大，花期较单瓣者稍晚。

玉簪的同属植物约 40 种，主要产于中国和日本。常见栽培种品种有：

'狭叶'玉簪（日本紫萼、水紫萼、狭叶紫萼）*H. lancifolia*：叶披针形。花淡紫色，较小。

波叶玉簪（白萼、皱叶玉簪）*H. undulata* var. *erromena*：杂交种。叶边缘微波状；叶片上有乳黄或白色纵纹。花淡紫色，较小。

紫萼（紫玉簪）*H. ventricosa*：叶柄边缘常下延呈翅状。花紫色，较小。

【应用】观赏盆栽可较长时间布置在室内。叶片嫩绿光亮，株形优美，既可观叶又可赏花。也可配置在大型室内景园中作地被，绿亮的叶丛和高出叶层的洁白的花，使人如沐春风，心情舒展。

【养护要点】原产我国。喜阴、耐寒。畏阳光直射。

图 8-104 玉 簪

中国水仙花（天葱、雅蒜、凌波仙子）*Narcissus tazetta* var. *chinensis*

石蒜科水仙属。多年生草本植物。球状的鳞茎，常在大鳞茎两侧着生数枚小鳞茎。叶片扁平带状，叶宽 1.5～5cm，长 30～90cm，每芽有叶 4～9 片。花从叶丛中抽出，每球一般抽花 1～7 支，多者可达 10 支以上。伞形花序，有花 5～7 朵，多者可达 10 余朵。花被基部联合成筒状，裂片 6 枚，开放时平展如盘；副花冠黄色、浅杯状（图 8-105）。据记载，中国水仙在我国至少有 1 200～1 300 年的栽培历史。可能是唐代由意大利传入中国。为我国传统十大名花之一。中国水仙与其他花卉品种不同，它秋季开始生长，冬季开花，春季贮藏养分，夏季休眠。休眠期内分化花芽。

【应用】水仙花素雅、清丽、花香浓郁，具有较高观赏价值。花期正值元旦、春节，为传统时令名花，尤适宜室内水养，用它点缀窗台、阳台和客厅，显得格外清新高雅。

【养护要点】我国人民有冬季养水仙球，春节时看花的习惯。将买来的大水仙球上部用刀纵向割开十字口，其深度以不伤及花芽为好，剥除鳞片，帮助鳞茎内的芽抽出。然后浸水 1 天，洗去伤口黏液，直立摆放在专用的水仙盆或其他不漏水的浅盆中，周围放些石子等物固定，加水至水仙球的下部 1/3 处。每 1～2 天换水 1 次。在 10～15℃条件下，保持充足的阳光，1 个月

图 8-105 中国水仙花

左右可以开花。中午前后将水仙盆搬至室外向阳的窗前晒太阳，晚上放在温度比较低的地方，可以控制叶片伸长，促进花芽的生长。目前我国水仙花商品球的生产主要在福建省的漳州。一枚成品水仙球大约需经 3 年栽培。水仙球经过艺术加工，利用植物的叶片和花茎在刻伤后产生的弯曲、歪斜、扭转和各种变化，组成各种形态不同的造型，也深受人们欢迎。

鹤望兰（极乐鸟花、天堂鸟花）*Strelitzia reginae*

图 8-106 鹤望兰

芭蕉科鹤望兰属。多年生常绿草本植物。盆栽的株高约 1 m。叶近基生，两侧排列，叶片长 30 ~ 40cm，宽 10 ~ 15 cm，长椭圆形，有一根长而圆的柄。花序顶生或腋生，花极独特，佛焰苞状总苞长约15cm，近水平生长，基部及上部边缘紫色；花的外 3 瓣呈橙黄色，内 3 瓣呈天蓝色，柱头呈乳白色，颇似仙鹤遥望（图 8-106）。花期为 9 月至翌年 6 月。

同属常见栽培种有：

大鹤望兰 *S. augusta*：植株大型，在原产地可高达 10 m。总苞呈浓紫色，花冠呈白色。

尼可拉鹤望兰 *S. nicolai*：叶大，柄长，基部心脏形。佛焰苞状总苞呈褐红色，萼片呈白色，花瓣呈蓝色。

棒叶鹤望兰 *S. parvifolia*：叶片甚小或无，仅呈棒状的叶。花形似鹤望兰。

【应用】鹤望兰四季常青，花形奇特，成形植株 1 盆能开花数十枝，是著名的大型温室盆栽花卉。可摆宾馆、接待大厅和大型会议室，具清新、高雅之感。鹤望兰也是高级切花品种，瓶插可达 2 周以上。

【养护要点】原产南非。喜温暖湿润和阳光充足的环境。

中国兰 *Cymbidium* spp.

兰科兰属。国兰是指我国传统栽培的兰科植物中兰属内几个地生种兰花。主要包括春兰、蕙兰、建兰、墨兰、寒兰等种。这些花小又不艳，但芳香，叶态清秀，深受我国及东方各国人民的喜爱，为中国传统十大名花之一。

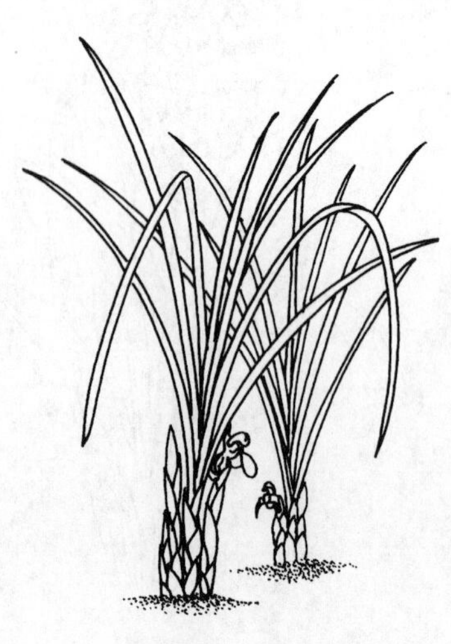

图 8-107 春 兰

春兰（草兰、山兰、朵朵香、一茎一花）*C. goeringii*：古代称“兰”。假鳞茎稍呈球形。叶 4 ~ 6 片，簇生于假鳞茎上，长 25 ~ 60cm，狭带形，边缘有细锯齿。花莛直立，高 10 ~ 20cm。一茎一花，少数有两朵，花径为 4 ~ 5 cm，浅黄绿色，通常在花瓣上有紫褐色条纹或斑块（图 8-107）。花期 2 ~ 3 月，花甚芳香。分布在秦岭以南，日本和朝鲜半岛南部也有。我国栽培历史最悠久。其品种通常按花瓣的形状分类：梅瓣（如‘宋梅’）、水仙瓣（如‘龙字’）、荷瓣（如‘张荷素’），花瓣和萼片全部为淡绿色或黄绿色，无其他色斑和条纹的称 为“素心”。各种瓣型中均有素心品种。另外，花朵形状特殊不同于一般花形的称为“奇花”。花色十分鲜艳的称为“色花”，叶片上产生白色或黄色条纹或斑块的称为“艺兰”。这两类品种近些年在我国发展比较快，发现了许多新变异植株。

蕙兰（九子兰、九节兰、夏兰）*C. faberi*：假鳞茎不明显。每丛叶片5~7枚，长25~80cm，宽0.6~1.4 cm，直立性强，基部对褶，横切面呈“V”形，边缘有较粗锯齿。花茎直立，高30~80 cm，有花6~12朵，花浅黄绿色，上面有紫红色斑纹，芳香（图8-108）。花期在3~5月。分布与春兰相似，在秦岭以南、南岭以北及西南广大地区均有，是比较耐寒的兰花之一。蕙兰和春兰一样，是我国栽培最久和最普及的兰花之一，古代称之为“蕙”。经长期栽培，选出许多优良的品种。在花型上也和春兰一样，分成梅瓣、荷瓣、水仙瓣等。花上无其他颜色，色泽一致的也称为“素心”。常见的品种有：‘极品’‘解佩梅’等。

图8-108 蕙 兰

建兰（雄兰、骏河兰、秋蕙、秋红、剑叶兰）*C. ensifolium*：假鳞茎椭圆形，较小，生有2~6枚叶片。叶片长30~50 cm，宽1.2~1.7 cm，叶面光滑有光泽。花茎直立，高25~35cm，着花5~9朵。花浅黄绿色，有紫红色斑纹，花径4~6cm，芳香（图8-109）。花期7~10月。分布于华南与西南南部，东南亚及印度也有。可分彩心、素心两类品种。

图8-109 建 兰

墨兰（报岁兰、拜岁兰、丰岁兰）*C. sinense*：假鳞茎椭圆形，生有叶4~5片。叶片剑形，长60~80cm，宽2.7~4.2 cm，深绿色有光泽。花茎粗壮、直立，通常高出叶面，在野生状态下可高达80~100cm，有花7~18朵。通常花色较深，黄褐色至紫褐色，故称为墨兰（图8-110）。花期1~3月，少数在秋季开花。分布于华南及西南南部；越南、缅甸、日本也有分布。

寒兰 *C. kanran*：叶片3~7枚丛生于较小的假鳞茎上，叶直立性较前面4种均强，在叶尖有细锯齿，长35~100cm，宽1~1.7cm，略有光泽。花茎直立，细而坚挺，有花8~12朵，花黄绿色有紫红色斑点。寒兰的萼片与花瓣均较建兰、墨兰窄而长，花茎细，十分容易区分。花期11月至翌年2月。分布华南、西南及日本和朝鲜半岛南部。

【应用】中国兰花是我国传统名花，是著名的珍贵盆花。古人曾称“竹有节而无花，梅有花而无叶，松有叶而无香，惟兰花独有之。”无花时叶态飘逸，四季常青；开花时花容清秀，色彩淡雅，幽香四溢，耐人寻味。在中式风格的各类厅堂、廊等，并配以古香古色的红木几架，格外清新、优雅。

图8-110 墨 兰

【养护要点】中国兰花喜温暖、湿润和半阴的环境，因种类不同对栽培条件的要求还有较大的差异。春兰、蕙兰耐寒力较强，春兰、蕙兰越冬需要较低的温度（5℃左右），建兰、墨兰、寒兰越冬最低温度稍高。因种类不同，则喜光的程度也不同，墨兰要求最阴，建兰、寒兰次之，春兰、蕙兰需要较多的阳光。在自然条件下，中国兰花主要生于湿润的山谷地的疏林下。盆栽中国兰花，通常用阔叶林下的腐叶土或泥炭土；或用苔藓或添加部分颗粒状的碎砖块等盆栽。

图 8-111 大花蕙兰

大花蕙兰（虎头兰）*Cymbidium*

兰科兰属。是许多大花附生种类的总称，多年生常绿附生草本植物。假鳞茎粗壮，长椭圆形、稍扁，上面生有 6 ~ 8 枚带形叶片，长 70 ~ 110cm，宽 2 ~ 3cm。花莛近直立或稍弯曲，长 35 ~ 70cm，有花 6 ~ 12 朵或更多。花大型，直径 6 ~ 10cm，花色有黄绿色，有紫红色斑纹，亦有洁白色的（图 8-111）。有香味，但不同于中国兰花，呈丁香型香味。

【应用】是十分普及并深受各国人民喜爱的一种“洋兰”。它花形规整丰满，色泽鲜艳，花茎直立，花期长，栽培容易，生长健壮。并具有东方风韵，近 3 年来在我国花卉市场占据盆花中显赫的位置。作室内点缀，倍添春意。

【养护要点】在亚热带及温带地区广泛栽培。因野生时靠根系附着在树干或岩石上生长，故栽培方法不同于一般花卉。常用四壁多孔的陶质花盆，用苔藓、蕨根或碎树皮块、木炭块、火山灰等粒状物作盆栽材料。喜半阴湿润的环境。越冬最低温度 10℃ 左右。

图 8-112 卡特兰

卡特兰（卡特丽亚兰）*Cattleya hybrida*

兰科卡特兰属。多年生常绿附生草本植物。有短根茎，拟球茎顶端着生厚革质叶 1 ~ 2 枚。花大，各瓣离生。花色有白、黄、橙红、深红、紫红、绿及各种过渡色和复色，开花期长（图 8-112）。

【应用】卡特兰是洋兰中栽培量最大、花最艳丽、最受人们喜爱的种类。可作为高档切花和盆花材料。

【养护要点】原产南美洲。卡特兰喜温暖、湿润的环境。盆栽卡特兰可用蕨根、苔藓、树皮块或多孔的陶粒等作材料，盆底部1/3放碎砖块、盆片，以利根系通风和排水。

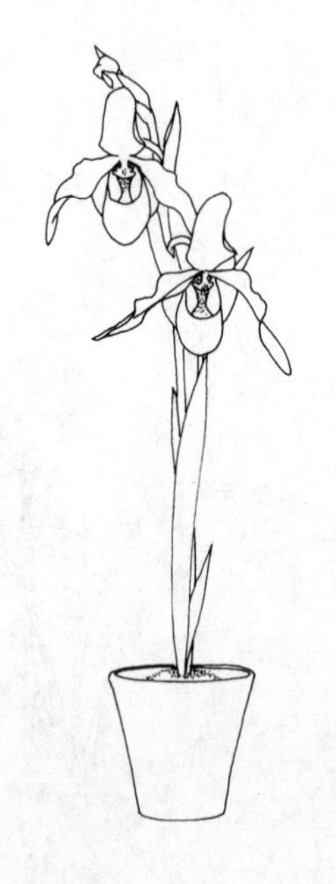

图 8-113 兜 兰

兜兰（拖鞋兰）*Paphiopedilum*

兰科兜兰属。多年生常绿草本植物。多数种类为地生种，少数附生。茎极短；叶片革质，近基生，不同种类叶片形态和颜色有较大的变化。花莛从叶丛中抽出；花形奇特，唇瓣呈拖鞋（口袋、兜）状（图 8-113）；萼片也甚特别，背萼极发达，呈扁圆形或倒心形，有些种背萼上有色彩鲜艳的花纹，更是欣赏的重点；兜兰两片侧萼完全合生在一起，通常较背萼小，着生在唇瓣的后面，称为腹萼，多不显著；蕊柱的形状也与一般兰花不同，2 枚花药分别着生在蕊柱的两侧。

兜兰是世界上栽培最早和最普及的洋兰之一。兜兰花期长，每朵开放的时间，短的3~4周，长的5~8周。因种类不同开放时间不同，多数种冬春季开花，也有夏秋季开花的种类。如果栽培种选择适当，一年四季均有花看。

【应用】兜兰植株多较矮小，又耐阴，通常用中小盆栽培，是极好的高档室内盆栽观花植物。适宜放在客厅、书房及卧室中长期欣赏。

【养护要点】原产我国云南东南部以及缅甸、印度东北部一带。兜兰没有贮藏养料和水分的假鳞茎，故与有假鳞茎的兰花比较，它对环境变化的适应能力稍差。盆栽用土可用腐叶土、泥炭土、苔藓、蕨根或树皮等。比较喜阴，不耐寒。

蝴蝶兰 *Phalaenopsis*

兰科蝴蝶兰属。按希腊文的原意为“好像蝴蝶般的兰花”。因能吸收空气中的养分而生存，归入气生兰范畴，可说是热带兰花中的一个大族。其植株非常奇特，既无匍匐茎，也无假球茎。每棵只长出数张活像汤匙般肥厚的阔叶，交互叠列在基部之上。白色粗大的气根则露在叶片周围，有的攀附在花盆的外壁，极富天然野趣。到了新春时节，一枝长达盈尺的花梗就从叶腋抽出，然后一朵接一朵地开放。大部分的蝴蝶兰唇瓣会分裂成两条触角般的短须，使其更神似蝴蝶。花色鲜艳夺目，既有纯白、鹅黄、绛红，也有淡紫、橙赤和蔚蓝（图8-114）。有不少品种兼备双色或三色，有的好像绣上图案的条纹，有的如喷了均匀的彩点，每枝开花七八朵，多的十二三朵，可连续观赏六七十天。当全部盛开时，仿佛一群列队而出的蝴蝶正在轻轻飞翔，那种飘逸的闲情，令人产生一种如诗如画、似梦似幻的感觉。

图8-114 蝴蝶兰

【应用】蝴蝶兰和大花蕙兰是近几年来在国际花市上最富有时代气息的新花。在日本、欧美、东南亚地区，用蝴蝶兰作外事活动、公关及庆典和婚礼的装饰，被视为最高的礼遇。举凡高级宴会都少不了蝴蝶兰作摆设。许多新娘和傧相更喜爱用它作为捧花和襟花。在我国，蝴蝶兰近几年来一直是市民们年花追捧的对象，成为国内年花市场的主流新贵。在家庭、办公室、宾馆摆放，显典雅豪华。

【养护要点】蝴蝶兰原产于热带雨林地区，喜温暖、潮湿和半阴的环境，盆栽的基质主要采用水苔、浮石、桫椤屑、木炭屑等，蝴蝶兰的气生根颇多，其根尖翠绿，相当敏感，要细心加以保护，切不可触动损伤。

文心兰（瘤瓣兰、金蝶兰、舞女兰）*Oncidium ampliotum*

兰科瘤瓣兰属。多年生附生草本植物。植株较大，假鳞茎紧密丛生，呈茎干状，长约12.5cm，宽9cm，扁卵形至扁圆形，有红或棕色的斑点。有叶片1~3枚，椭圆状长披针形，革质。花莛直立或稍有弯曲，高可达1.3m，有花多朵；花鲜黄色，直径约2.5cm，萼片上有棕色斑点。花期春季（图8-115）。

图8-115 文心兰

该属是一类有巨大经济价值的兰花，为重要的切花品种之一。多用其小花种作插花的配花用；花色以黄色为主，亦有粉红、白等色。目前花卉市场上对文心兰切花的需求量比较大。一支花可以插几周，色泽鲜艳，花形奇特。

同属常见栽培种有：

四季文心兰 *O. papilio*：花莛高约60cm，总状花序，有花1至数朵，花直径10～13cm，红至深红色，四季开花。

虎斑文心兰 *O. tigrinum*：花莛高约70cm，上面着生多朵鲜黄的花，花直径约7cm，花上有褐色斑纹，花期秋冬季。

【应用】花朵奇异可爱，犹如一群舞女舒展长袖在绿丛中翩翩起舞，又似飞翔金蝶，极富动感。其花繁叶茂，一枝花茎着生几十朵至几百朵，极富韵味。花期亦长，至今广泛应用于盆花和切花。盆栽摆放在居室、阳台，妙趣横生。文心兰还可用作插花花材。

【养护要点】分布较宽，不同种类要求差异较大。热带种要求高温，越冬最低温度约15℃，亚热带种喜温暖，越冬最低8℃左右。喜湿润环境。

8.3 室内观果植物

图8-116 金 橘

金橘（金枣、罗浮、牛奶金柑、牛奶橘）*Fortunella margarita*

芸香科金柑属。多年生常绿灌木。树干通常无刺，小枝绿色。叶互生，长圆状披针形，表面亮绿，背面散生腺点。花单生或丛生于叶腋，白色、芳香。果实椭圆形或倒卵形，先端浑圆，基部稍尖，果实平滑，有光泽，成熟时金黄色，果皮有许多腺体，有强烈的橘香味（图8-116）。

【应用】枝叶茂密，树枝秀雅；金果灿烂，玲珑娇小。我国在元旦、春节期间喜欢用金橘布置厅堂、房间，表达主人吉祥如意的愿望。

【养护要点】原产长江中上游地区。喜温暖、湿润、阳光充足的环境。

图8-117 佛 手

佛手（佛指香橼、佛手柑）*Citrus medica* var. *sarcodactylis*

芸香科柑橘属。常绿灌木或小乔木，是枸橼的一个变种。盆栽高度80～120cm，小枝绿色有刺。果实长圆形，有裂，或先端开张成手指状，故名。果熟时鲜黄色有光泽，香气浓郁（图8-117）。

【应用】果实芳香浓郁，形状奇特，为名贵的室内观果盆栽花木。

【养护要点】原产亚洲，主产我国广东、广西、福建、台湾、浙江等地区。喜充足阳光、温暖、湿润。

五色椒（圣诞椒、观赏椒）*Capsicum frutescens* var. *cerasiforme*

茄科辣椒属。多年生常绿灌木状草本植物，但常作一年生栽培。株高30～60cm，叶似食用辣椒，花白色。果实成束簇生于枝端，球形或长圆锥形，果形与果色因品种而异，如有的鲜红，成丛朝天，名朝天红；有的圆团下垂，颜色五彩，像五彩灯笼；有的小而尖，先白后红或红黄紫等色相间等（图 8-118）。

【应用】其果实五彩缤纷、小巧玲珑、色泽光亮，具有较强的装饰性，作秋冬季室内观果，将增添喜庆氛围。作为圣诞节用室内盆栽观赏品种，西方称之为圣诞椒。

【养护要点】原产美洲亚热带。性喜阳光，耐高温，不耐阴湿。

图 8-118　五色椒

冬珊瑚（珊瑚球、玛瑙球、珊瑚樱）*Solanum pseudo-capsicum*

茄科茄属。多年生常绿小灌木。常作一年生栽培，盆栽高度 30～50cm，直立，分枝力强。叶狭长圆形至倒披针形，互生，边缘波状。花单生，少数腋生，夏秋开花，白色。浆果圆球形，黄色或橙色，10 月后果熟（图 8-119）。

【应用】果实艳丽，枝叶常青，为圣诞、元旦、春节增添喜庆的氛围。是冬季室内盆栽观果佳品。果实有毒，不可食用。

【养护要点】原产欧、亚热带。喜阳光和温暖、湿润的环境。

图 8-119　冬珊瑚

枸骨（乌不宿、八角刺、猫儿刺）*Ilex cornuta*

冬青科冬青属。常绿灌木或小乔木。盆栽株高 30～50cm，枝密生，树皮灰白平滑。叶硬革质，叶面深绿，有光泽，矩圆状四方形，有硬刺 3 个，鸟不敢宿，故名，叶基部平截，两侧各有刺1～2 个。花簇生，黄绿色，4～5 月开花。核果球形，鲜红色，10～11 月成熟（图 8-120）。

【应用】枝叶稠密，叶形奇特，深绿光亮，入秋红果累累，经冬不凋，鲜艳美丽，是很好的观果观叶盆栽，秋冬季节为室内增添自然气息。

【养护要点】原产我国中部，在长江中下游的江苏、浙江、江西、湖南、湖北等地均有分布。喜阳光充足，喜温暖、湿润。耐阴、耐寒。

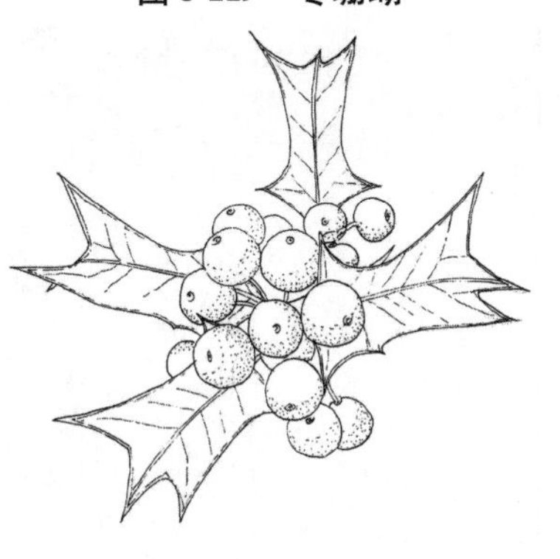

图 8-120　枸　骨

南天竹（南天竺）*Nandina domestica*

小檗科南天竹属。常绿丛生灌木。叶互生，2～3 回羽状复叶，椭圆状披针形，全缘。花小、顶生、白色，大型圆锥花序，5～7 月开花。9～10 月果熟，浆果球状，鲜红色。

【应用】茎干丛生，枝叶扶疏。秋冬叶色变红，累累果实，经久不落，为秋冬赏叶观果佳品。

【养护要点】产我国及日本。喜温暖、湿润和通风良好的半阴环境，耐寒性强。

火棘（火把果、火刺、红果、火焰树）*Pyracantha fortuneana*

蔷薇科火棘属。常绿或半常绿灌木或小乔木。侧枝短刺状。叶长椭圆形，顶端圆或微凹，边缘有细锯齿，叶面光滑，叶柄短。花细小，白色，呈复伞房花序，生于短枝上，5 月开花。9～10 月果熟，扁圆形，橘红或深红

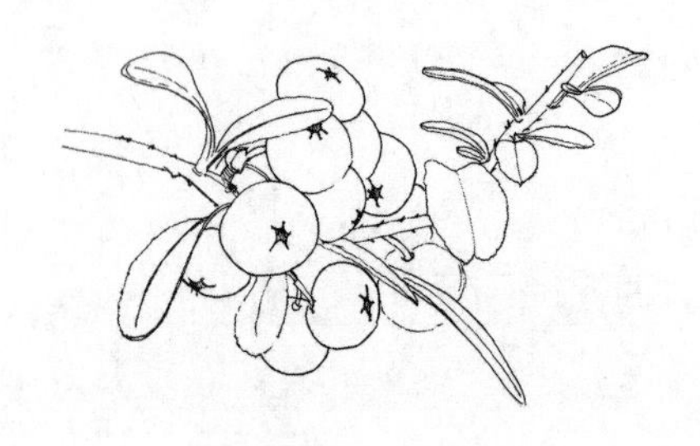

图 8-121 火 棘

色，直至翌年 2 月（图 8-121）。

【应用】秋冬季节，绿叶光亮，红果结满枝头，灿烂夺目。为灰冷的冬季带来了鲜艳的色彩。

【养护要点】产于我国。喜光、喜温暖、湿润的环境；耐半阴，稍耐寒，耐贫瘠。

紫珠（珍珠枫、紫式珠、紫珠草）*Callicarpa dichotoma*

马鞭草科紫珠属。落叶灌木。盆栽高度 1m 左右或更矮，茎干直立，小枝紫红色，分枝上有毛。单叶对生，倒卵状长椭圆形，长 5～12cm，边缘疏锯齿，叶背面有黄色腺点。聚伞花序，6 月间叶腋抽出细长花柄，柄上生许多紫红色小花。果实圆球形，小而密生，光亮如珍珠，初时黄绿色，10～11 月成熟后紫红色，可保留至翌年 3 月不落（图 8-122）。

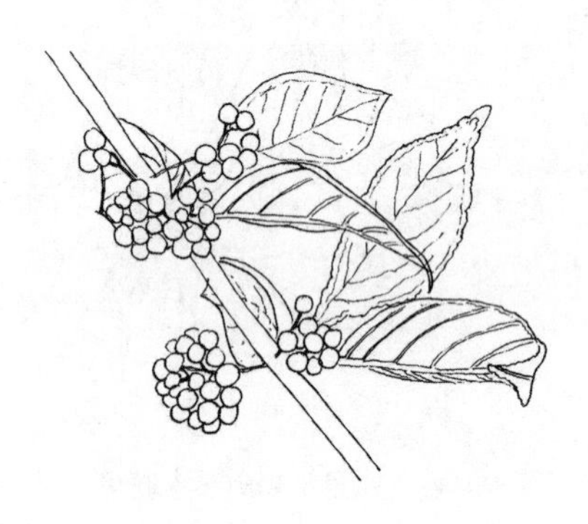

图 8-122 紫 珠

【应用】果实紫色美丽，作秋冬室内盆栽观赏，别具风格。

【养护要点】原产我国中部及东部。越南、日本也有分布。喜阳光和温暖、湿润环境。

石榴（安石榴）*Punica granatum*

石榴科石榴属。落叶灌木。盆栽高度不足 2m，幼枝 4 棱，顶端小枝刺状。叶倒卵形至披针形。花单生或丛生于枝顶或叶腋，花萼及肥大的下位子房红色或白色，吐花前即很美，花单瓣或重瓣，朱红、大红、黄或白色。子房膨大后，外果皮红或白色，经久不落。

【应用】是中国传统的观花、赏果和食用的植物。汉代张骞从西域引入我国，已有2 000年的栽培历史。作室内盆栽观赏，绿叶红花，果实经久不落。

【养护要点】原产地中海及中亚地区。喜充足阳光，喜温暖，越冬最低温度 0℃以上。

复习思考题

分别就常见木本、草本、藤本、肉质多浆类和花、叶共赏类等室内观叶植物类型，完成列表：名称（中文名）、形态特征、应用及养护要点。

参考文献

纳尔逊·哈默. 2001. 室内园林［M］. 杨海燕，译. 北京：中国轻工业出版社.

罗依·兰开斯特，马修·比格斯. 2002. 室内观赏植物养护大全［M］. 陈尚武，曹文红，译. 北京：中国农业出版社.

北京林业大学园林学院花卉教研室. 1988. 花卉学［M］. 北京：中国林业出版社.

北京林业大学园林学院花卉教研室. 1999. 中国常见花卉图鉴［M］. 郑州：河南科学技术出版社.

陈有民. 1988. 园林树木学［M］. 北京：中国林业出版社.

陈志华. 1979. 外国建筑史［M］. 北京：中国建筑工业出版社.

戴志棠，林方禧，王金勋. 1988. 室内观叶植物及装饰［M］. 北京：中国林业出版社.

胡长龙. 1997. 现代庭园与室内绿化［M］. 上海：上海科学技术出版社.

金波. 1997. 常用花卉图谱［M］. 北京：中国农业出版社.

金波. 2002. 室内园艺［M］. 北京：化学工业出版社.

乐嘉龙. 1996. 建筑环境快速设计图集［M］. 郑州：河南科学技术出版社.

李少球. 1996. 美叶花木［M］. 广州：广东科技出版社.

李祖清，罗谦. 2002. 商业空间绿色环境艺术［M］. 成都：四川科学技术出版社.

李祖清. 2002. 宾馆酒楼绿色环境艺术［M］. 成都：四川科学技术出版社.

李祖清. 2002. 茶坊吧间绿色环境艺术［M］. 成都：四川科学技术出版社.

李祖清. 2002. 单位绿色环境艺术［M］. 成都：四川科学技术出版社.

刘常玲. 2003. 家庭养花须提防有毒花卉［J］. 河北林业科技（3）.

刘玉楼. 1999. 室内绿化设计［M］. 北京：中国建筑工业出版社.

卢思聪，卢炜，朱崇胜，等. 2001. 室内观赏植物——装饰养护欣赏［M］. 北京：中国林业出版社.

芦建国. 1996. 插花艺术［M］. 南京：南京林业大学自编教材.

芦建国，张鸽香，丁彦芬，等. 2004. 花卉学［M］. 南京：东南大学出版社.

彭春生，李淑萍. 1992. 盆景学［M］. 北京：中国林业出版社.

舒斯榕，江崇元. 2002. 建筑师与室内空间专辑“中银大厦：贝聿铭作品”［J］. 室内设计与装修（10）.

苏雪痕. 1991. 植物造景［M］. 北京：中国林业出版社.

唐学山，李雄，曹礼昆. 1996. 园林设计［M］. 北京：中国林业出版社.

屠兰芬. 1996. 室内绿化与内庭［M］. 北京：中国建筑工业出版社.

王莲英，等. 1993. 插花艺术问答［M］. 北京：金盾出版社.

王晓军. 2000. 风景园林设计［M］. 南京：江苏科学技术出版社.

王毅. 1990. 园林与中国文化［M］. 上海：上海人民出版社.

吴方林，何小唐，等. 2002. 室内植物与景观制造［M］. 北京：中国林业出版社.

向其柏，向民，刘玉莲. 1990. 室内观叶植物［M］. 上海：上海科学技术出版社.

向其柏. 2002. 申报桂花品种国际登录权论文集（Ⅱ）［M］. 吉林：吉林科学技术出版社.

徐惠风，金研铭，余国营，等. 2002. 室内绿化装饰［M］. 北京：中国林业出版社.

雪小莉. 2004. 莫中了鲜花的“美人计”[J]. 医药与保健（5）.

张福昌. 1998. 室内陈设与绿化［M］. 北京：中国轻工业出版社.

张建国，张要战，刘萍 . 2002. 净化空气的绿色植物［J］. 森林与人类（10）.

中国科学院华南植物研究所华南植物园，林桥生. 2002. 观叶植物原色图谱［M］. 北京：中国农业出版社.

周维权. 1989. 日本古典园林［M］. 北京：清华大学出版社.